Vera Starker

Most Wanted:

Chef der Zukunft m/w/d

Über den Wandel der Chef-Rolle
in einer digitalisierten Welt

Text: Vera Starker
Illustrationen: Matthias Schneider
Grafik und Layout: Lisa Pepita Weiss
Lektorat: Susanne Schulten
Druck: Lokay Umweltdruckerei

 WK9

Dieses Druckerzeugnis wurde mit
dem Blauen Engel ausgezeichnet

www.blauer-engel.de/uz195

Die Umwelt liegt uns am Herzen! Nachhaltiges Papier, Ökodruckfarben
und klimafreundlicher Druck sind für uns selbstverständlich.

RBV Verlag GmbH
Neue Promenade 7
15377 Buckow (Märkische Schweiz)
www.rossberg-verlag.de
Alle Rechte vorbehalten

1. Auflage Buckow 2019
© 2019 RBV Verlag GmbH
Neue Promenade 7, 15377 Buckow (Märkische Schweiz)
Dieses Buch ist auch als E-Book erhältlich.

Ich bedanke mich bei Lisa und Matthias für ihr Durchhaltevermögen und ihr großes Engagement bei der Gestaltung von „Most Wanted:".

Benedikt Lehnert und Markus Albers danke ich für die Förderung dieses Buchprojektes.

Gunther Schmidt, auf dessen hypnosystemischem Ansatz die Ausführungen des ersten Kapitels beruhen, gilt mein Dank für seine allgegenwärtige Bestärkung darin, zu tun, was einen erfüllt.

Inhalt

Es gibt im Leben Augenblicke, da die Frage, ob man anders denken kann, als man denkt, und auch anders wahrnehmen kann, als man sieht, zum Weiterschauen und Weiterdenken unentbehrlich ist.

Michel Foucault

Geleitwort

In Zeiten großer Veränderungen wie heute ist es wichtig, dass sich Unternehmer und Vorstände trotz widriger Bedingungen, festgefahrener Konventionen, schwieriger werdender ökonomischer und auch ökologischer Rahmenbedingungen und politischer Disruptionen auf ihren Mut, ihre notwendige Risikobereitschaft und ihre gesellschaftliche Verantwortung besinnen und durch ihr Handeln eine wertvolle Zukunft mitgestalten. Most Wanted: Chef der Zukunft m/w/d liefert dazu weder eine Anleitung noch ist es eine Ansammlung von Erfolgsgeschichten, es ist vielmehr eine inspirierende und Mut machende Pflichtlektüre für Chefs/Chefinnen, die intrinsisch längst spüren, dass es eine neue Form von Führung braucht, um die Herausforderungen der Zukunft zu meistern, aber noch nicht den gordischen Knoten durchschlagen haben. „Most Wanted:" gibt Ihnen den Mut, das längst Überfällige heute umzusetzen!

Tobias Phleps
CEO Superunion Germany

Vorwort

Als mich die Autorin bat, ein Vorwort für „Most Wanted: Chef der Zukunft m/w/d" zu schreiben, befürchtete ich, ein weiteres Buch in den Händen zu halten, das mir erklärt, was ich als CEO künftig zu tun habe. Bei der Lektüre wurde mir jedoch sehr schnell klar, dass dieses Buch vielmehr hilfreiche und differenzierte Impulse für die Gestaltung der Zukunft bietet und jede Menge Raum für eigenes Denken lässt. Und das basierend auf einer großen fachlichen Bandbreite, die auch Menschen mit geringem Zeitbudget sehr entgegenkommt.

Für mein Kernthema ‚Strategie' wurde eine für mich handlungsleitende Kernannahme meiner Arbeit bestätigt: Wer erfolgreich Strategien umsetzen möchte, muss auch und zuallererst an ihre Umsetzung denken und die erforderliche Zeit für die Umsetzung einräumen.

Aus meiner Erfahrung wird in der Strategieentwicklung zu selten der Umsetzungsaspekt berücksichtigt. Zeiten des radikalen Wandels – sei es durch technologische Entwicklungen oder eine zunehmend komplexe Weltwirtschaft – zwingen uns, nicht nur über die strategische Ausrichtung unserer Unternehmen nachzudenken, sondern vor allem über die praktische Umsetzung eben dieser sowie eine veränderte Führung. Doch es ist genau dieser Aspekt der Veränderung, dem meistens viel zu wenig Aufmerksamkeit geschenkt wird – ein häufiger Grund für ihr Scheitern. Denn es ist nicht die Frage, wie man Abläufe automatisieren, digitalisieren und möglichst viele Daten als Grundlage für künftigen Erfolg nutzen kann. Es ist der Freiraum für Ideen und eine neue Führung, die es braucht, um genau diese Prozesse erfolgreich zu starten. Es gilt für alle Beteiligten im Unternehmen, völlig neue Kompetenzen zu erwerben, neue Arbeitsmethoden anzuwenden und nicht zuletzt Veränderungsbereitschaft vor allem im mittleren Management zu fördern.

Genau hierbei bietet das vorliegende Buch Unterstützung. Es hilft, die zugrunde liegenden psychologischen Mechanismen – auch die eigenen – besser zu verstehen. So kann es gelingen, wirklich wirksam und erfolgreich zu verändern – nicht nur die Organisation, sondern auch sich selbst in der CEO-Rolle.

Ich wünsche Ihnen viel Erfolg bei der Umsetzung Ihrer eigenen Zukunftsvisionen und bei der Lektüre dieses anregenden Buches.

Carla Eysel
CEO ALBA Europe Holding

Einleitung

*Die reinste Form des
Wahnsinns ist es, alles
beim Alten zu lassen
und gleichzeitig zu hoffen,
dass sich etwas ändert.*

Albert Einstein

Dieses Buch wurde für Unternehmensentscheider und -entscheiderinnen geschrieben, die Tag für Tag aktiv die Zukunft ihres Unternehmens gestalten. Unabhängig davon, ob sie CEO-, Vorstands-, Manager- oder Geschäftsführer- oder sonstige Führungspositionen innehaben, nennen wir sie der Einfachheit halber CEOs. Management und Führung neu auszurichten ist für den Erfolg eines Unternehmens heute wichtiger denn je, da bislang erfolgreiche Geschäftsmodelle nun, im Rahmen der Digitalisierung, keine Selbstläufer mehr sind. Dementsprechend geht der Auftrag, Unternehmen für die Zukunft wettbewerbsfähig aufzustellen, deutlich über klassisches Management hinaus und bedarf neuer Management- und Führungsqualitäten.

In Fachpublikationen werden die im Rahmen der sog. digitalen Transformation notwendigen Veränderungen von Führungskräften und Mitarbeitern ausführlich thematisiert. Alle sollen agil und digital arbeiten, agil managen und führen, kreativ sein und als Teil einer offenen Unternehmenskultur agieren.

Allerdings wird die dafür benötigte Neuausrichtung der CEO-Rolle kaum thematisiert. Trends zu holokratischen, soziokratischen sowie demokratischen Unternehmensstrukturen und agilen Prozessen werden als Erfolgsrezepte für die Umsetzung der durch Digitalisierung, künstliche Intelligenz und Globalisierung eingetretenen Veränderungen wie Volatilität, Komplexität und Widersprüchlichkeit verkauft. Wie sich das wiederum konkret auf die CEO-Rolle auswirkt? Schweigen im Walde.

Das ist mehr als erstaunlich, da die notwendige Umsteuerungsintensität sowohl in den als auch durch die Chefetagen immens hoch ist. Die rasante Entwicklung der digitalen Forschung, vor allem im Bereich der künstlichen Intelligenz, wird aktuell noch nicht absehbare Veränderungsansprüche an Unternehmen stellen, die weit über die Anforderungen der digitalen Transformation hinausgehen. Es zeichnet sich bereits jetzt ab, dass wir uns am Beginn eines echten Paradigmenwechsels befinden, der Unternehmensstrukturen, -kulturen und -prozesse oder auch Geschäftsmodelle auf den Kopf stellen wird.

Da die CEO-Rolle einen maßgeblichen Einfluss auf die Gestaltung von Management, Leadership und Organisationsaufbau haben sollte, stellt sich natürlich die Frage, wie sich diese Rolle selbst verändern muss, damit CEOs diesen Wandel erfolgreich steuern können. Dass dies nicht diskutiert wird, kann daran liegen, dass dieser Rolle per se eine „Allrounder-Kompetenz" zugeschrieben wird. Oder – und auch das wäre eine (allerdings wenig wünschenswerte) Erklärung – man misst der CEO-Rolle gar zu wenig Einfluss auf die Gestaltung von Management und Leadership bei, sodass der Fokus eher auf die Führungskräfte und Mitarbeiter gerichtet ist. Eventuell gibt es bisher schlichtweg kaum Ideen, wie die CEO-Rolle neu auszurichten wäre, um die oben genannten Entwicklungen voranzutreiben. Oder gibt es die irrationale Haltung, dass sich diese Rolle gar nicht verändern muss, dass CEOs einfach so weiter managen und entscheiden können, während sich der Rest des Unternehmens maßgeblich verändert?

Für uns ist offensichtlich, dass die notwendigen Veränderungen zunächst auf CEO- und Management-Ebene umgesetzt werden müssen. Wir sprechen hier nicht nur von neuen betriebswirtschaftlichen Tools und neuen Formen der Aufbauorganisation, sondern vor allem über neue Kompetenzen. Insbesondere der kompetente und professionelle Umgang mit Unsicherheit, Komplexität und Ambiguität (Mehrdeutigkeit) erfordert eine neue Art von Selbst- und Organisationsmanagement.

Ohne dass diese Kompetenzen auf C-Level verankert sind, ist es unwahrscheinlich, dass sich Führungskräfte und Mitarbeiter nachhaltig zu flexiblen, agilen, digital kompetenten, veränderungsbereiten Akteuren entwickeln werden. Und das bedeutet im schlechtesten Fall für ein Unternehmen, nicht mehr wettbewerbsfähig zu sein.

Die Realität bildet diese Notwendigkeiten allerdings bislang nur in wenigen Unternehmen ab. CEOs haben vielmehr – entsprechend der Erwartungen der Aufsichtsräte und Shareholder – ihren Fokus maßgeblich auf Wachstum und Effizienzverdichtung ausgerichtet. Diese Effizienzdominanz steht diametral zu Kreativität und Agilität. Daher bedarf es signifikanter Veränderungen im CEO-Umfeld, um den Turnaround in der Rolle zu meistern. Wenn CEOs neue Wege „ausprobieren" sollen, brauchen sie die entsprechende Unterstützung ihrer Aufsichtsräte und Shareholder. Aber hier sieht es – zumindest in Deutschland – schwierig aus. In 2017 zeigten sich deutsche Aktiengesellschaften mit der Ablösung von 24 Vorstandschefs im weltweiten Vergleich besonders wechselfreudig, wie eine 2018 veröffentlichte Studie der Unternehmensberatung PwC zeigt.

„Die Halbwertszeit von CEOs in Deutschland sinkt drastisch und liegt mit 5,1 Jahren unter dem internationalen Mittel von 7 Jahren", so der Europachef von PwC Strategy&. „Das regelmäßige Stühlerücken hierzulande ist auch auf immer kurzfristiger zu erreichende Ziele sowie eine geringere Fehlertoleranz der Aufsichtsgremien und Eigentümer zurückzuführen."

Und damit ist das wirkliche Dilemma benannt: Deutsche CEOs stehen vor dem größten Unternehmensumbau der Wirtschaftsgeschichte (inklusive eines kompletten Mindset Change) und sollen gleichzeitig weiterhin kurzfristig und mit maximaler Effizienz Shareholder Value generieren und erst recht keine Fehler begehen. Das ist – mit Verlaub – schlichtweg unmöglich.

Einleitung

Alles beim Alten zu belassen, geht also nicht, wenn man die relevanten Veränderungen initiieren will. Insofern braucht es, neben einem Wandel der CEO-Rolle, eine ebenso umwälzende Veränderung des Wirtschaftsumfeldes und eine neue, nachhaltige Perspektive auf den Shareholder Value. Es gibt erste Tendenzen, aber diese Entwicklung wird Zeit brauchen.

Anders denken, anders machen und neue Tools nutzen – das ist die notwendige Veränderung in Kurzform.

Wir beschäftigen uns in diesem Buch damit, wie CEOs in Zukunft erfolgreich sein können, welches Wissen und welche Fähigkeiten notwendig sind, um in Zeiten dramatischen wirtschaftlichen Wandels erfolgreich zu sein. Wir beleuchten u. a. das Steuerungsverhalten von Menschen in Entscheiderfunktionen (CEOs sind eben auch nur Menschen), die vor großen Veränderungen stehen. Uns interessieren hier vor allem die unbewussten Steuerungskomponenten am Management- und Führungsverhalten, wo sich gesetzte Vorhaben einerseits und das daraus resultierende Verhalten andererseits nicht kongruent zeigen. Wir nutzen dabei Erkenntnisse der Neurobiologie, um die relevanten Mechanismen kurz und prägnant darzustellen. CEOs sollen Antworten auf die Fragen erhalten, wie neue CEO-Rollenanforderungen aussehen. Und welche (unbewussten) Denk- und Handlungsmuster CEOs verändern sollten, damit sie diese Anforderungen auf der Handlungsebene bedienen können. Wir zeigen auf, in welches Spannungsfeld sie durch diese Veränderungen geraten und wie sie in diesem Spannungsfeld effizient steuern können. Darüber hinaus möchten wir – auf der Grundlage von interessanten Studienergebnissen – Ideen, Impulse, Tools und Modellansätze zur Frage der Steuerung der Ungewissheit im digitalen Wandel vorstellen.

CEOs, Management und Führungskräfte stehen aufgrund des anstehenden Paradigmenwechsels vor großen Herausforderungen, sich und ihre Rollen neu zu definieren und sich neue Kompetenzen anzueignen, die es ihnen ermöglichen, Mitarbeiter und Unternehmen durch diesen Wandel in eine erfolgreiche Zukunft zu führen. Und das alles unter rollendem Rad. Diejenigen, die mutig und mit ausreichend neuem Wissen und

Flexibilität neue Wege bestreiten, werden nicht nur den Respekt ihrer Mitarbeiter und Shareholder ernten, sondern auch langfristig ihr Unternehmen erfolgreich führen.

Den Mutigen gehört die Zukunft. Und mutig sein heißt: Seine Angst kennen und es trotzdem tun.

1 —

Machtkampf zwischen
Veränderung und Gewohnheit

The thing that limits us, is that we are extraordinary familiar with the old model, but the new model, we haven't even seen yet.

Gary Hamel

Auch wenn CEOs kaum Fehler zugestanden werden und daran auch die allseits beschworene neue Fehlerkultur bislang (zumindest in Deutschland) nichts ändern konnte, bleibt es bei der einfachen Aussage: CEOs sind Menschen in einer Rolle. Diese Rolle wandelt sich sehr stark, sodass Ausprobieren, Fehler machen und im Ungewissen agieren wichtige Voraussetzungen sind, den kulturellen und digitalen Wandel zu stemmen. In der Regel endet hier die appellative Aufforderung an Manager und Führungskräfte ohne weitere Erläuterung, wie dies in einer Managementrolle umgesetzt werden kann.

Die Realität spiegelt die „alte Welt" wider, in der CEOs deutscher Unternehmen bei Fehlern und enttäuschter Rendite-Erwartung – nach der kürzesten Verweildauer im internationalen Vergleich – entlassen werden. Einer internationalen Befragung von Donald Sull und Kollegen zufolge gaben 50 % der Manager, die in den befragten 262 Unternehmen aus 30 Branchen für die Umsetzung der Strategie verantwortlich sind, an, dass sie glauben, ihre Karriere leide, wenn sie neue Innovationen und Chancen verfolgen und darin scheitern würden. Das ist ein schlechter Ausgangspunkt für die angestrebte Fehlerkultur.

Um hilfreiche Umsetzungsimpulse für den Wandel in ein adaptives und agiles Management zu geben, braucht es ein Verständnis bezüglich einiger elementarer Grundmechanismen des

Machtkampf zwischen Veränderung und Gewohnheit

menschlichen Gehirns (in stark verkürzter Darstellung). Denn unser Gehirn hat zunächst einmal sein eigenes Programm: Überleben sichern und Komplexität reduzieren. Und dazu bedient es sich regelmäßig (unbewusst) bewährter Muster, insbesondere wenn „das Neue" noch unbekannt ist. Das Wissen um bestimmte Funktionalitäten des Gehirns sowie des Verhaltens in Gruppen soll Sie darin unterstützen, Veränderung bei sich selbst wie auch bei anderen erfolgreich umzusetzen.

„Letztendlich dürfen wir nie die Rechnung ohne den Wirt machen." So lautet eine Redensart, die seit dem 16. Jh. belegt ist. Und so in etwa können wir uns auch das Verhältnis zwischen der Zwischenhirnebene und der Großhirnrinde vorstellen. Die Zwischenhirnebene agiert als der *innere Wirt*, der bei jeder Verhaltensweise ein gewichtiges Wörtchen mitzureden hat. Im Gegensatz zur kognitiven Ebene (Großhirnrinde), auf der die rationalen Entscheidungen getroffen werden, laufen auf der Zwischenhirnebene kontinuierlich permanente Bewertungsprozesse, die uns oftmals nicht bewusst sind.

Wir sind hier vor allem an den Zwischenhirnprozessen interessiert, dort, wo „es" uns oft hinsteuert, auch wenn wir uns kognitiv (in der Großhirnrinde) etwas anderes vorgenommen haben. Haben Sie sich schon mal vorgenommen, mit dem Rauchen aufzuhören? Mehr Sport zu machen, weil Ihre Vitalwerte nicht gut waren? Weniger zu arbeiten? Sie waren bestimmt fest entschlossen, die Sportkleidung ist im Auto, der Termin im Kalender eingetragen. Und dann ertappen Sie sich dabei, abends im Büro sitzend, dieses Vorhaben gänzlich verdrängt zu haben, da genau diese Unterlage in jedem Fall noch fertig werden muss ... und jene auch noch ... Etwas kognitiv verstanden zu haben oder sich etwas vorzunehmen bedeutet eben noch lange nicht, es auch entsprechend umsetzen zu können. Da hat der *innere Wirt* anscheinend ein Machtwort gesprochen.

Die hinter den Handlungen liegenden inneren Bewertungsprozesse (Was von beidem soll ich nun tun?) sind auf unwillkürlicher Ebene mit Netzwerken bisherigen Erlebens verknüpft. Diese erlebten Erfahrungen haben quasi einen Wettbewerbsvorteil gegenüber neuen Vorhaben und werden uns daher als innere Handlungsstrategien angeboten.

Die traditionelle Sicht, dass allein unser rationaler Verstand unser Verhalten bestimmt, ist wissenschaftlich widerlegt. Die Musik spielt im Zwischenhirn, allem voran im limbischen System als umfassendem Erfahrungsgedächtnis, das durch permanenten (unbewussten) Abgleich unser menschliches Verhalten steuert. Daher stellt sich regelmäßig die Frage, welche Erfahrungen und Verhaltensweisen aus dem unbewussten Bereich durch Reflexion auf die kognitive Ebene „gehoben" werden müssen, um eine aktive Veränderung in Form von Denk- und Verhaltensunterschieden zu erreichen. Ohne diesen bewussten Denkprozess ist zielgerichtete menschliche und organisationale Veränderung unwahrscheinlich. Auch wenn absolut klar ist, was im Rahmen einer Veränderung getan werden muss: Man darf die Rechnung nicht ohne den *inneren Wirt* machen, also ohne die eigene erfahrungsbasierte unbewusste Steuerung, die aktiv in den Prozess der angestrebten Veränderung eingebunden werden muss.

Ein prägnantes Beispiel hierfür ist das Thema Change Management. Capgemini fasste es in einer Studie zusammen: „Die größte Diskrepanz zwischen Wunsch und Wirklichkeit betrifft Punkte, die im klassischen Change Management immer wieder adressiert und eingefordert werden." Am Wissen über Methoden und Erfolgsfaktoren auf der Managementebne scheint es nicht zu liegen, dass nach wie vor über 70 % der Change-Prozesse scheitern. Der Grund für diese Diskrepanz ist maßgeblich in der unwillkürlichen Steuerung der Manager und Führungskräfte zu suchen. Also beim *inneren Wirt.* Besonders deutlich wird dies in kritischen Phasen von Change-Prozessen, in denen sich das Dilemma zwischen der Fortführung des Change-Prozesses und der „Rettung" des jährlichen Planergebnisses auftut. Dann ist regelmäßig zu beobachten, dass die Change-Prozesse deutlich an Dynamik verlieren, sich der Fokus schleichend ändert und die Veränderungen dann *irgendwie* auslaufen. Häufig steckt keine bewusste und reflektierte Unternehmensentscheidung dahinter. Im Gegenteil, „man" kämpft noch mit Projektsheets und Ampelfarben, dabei steuert der *innere Wirt* auf C-Level den operativen Fokus bereits eifrig in Richtung Planungssicherung – also dorthin, wo der (innere) Druck auf

Entscheiderebene am größten ist. Und die Enttäuschung am Ende ist oftmals groß, gerade weil es kein bewusstes Umsteuern des Prozesses gab – insbesondere bei den Menschen, die sich aktiv eingebracht haben.

In Anbetracht der umwälzenden kulturellen und fachlichen Veränderungen, die die Digitalisierung mit sich bringt, lohnt es sich – will man effizient und erfolgreich verändern – seinen *inneren Wirt* sehr gut kennenzulernen. Erst dann wissen Führungskräfte, an welchen Stellen es im Hinblick auf ihre Veränderungsvorhaben wichtig ist, bewusst eigene Ambivalenzen, Handlungsmuster, Ängste, innere Konflikte und bisherige Erfahrungen zu reflektieren, um aktiv Veränderungen zu steuern, sowohl in ihrem eigenen Verhalten als auch in ihren Unternehmen.

Woran können Führungskräfte erkennen, ob sie erfolgreiche Veränderer sind? Erstaunlicherweise werden vergangene Change-Prozesse trotz der hohen Investitionen oftmals nicht evaluiert, erst recht nicht im Hinblick auf die eigene Wirksamkeit und Führungsleistung im Management.

Um in Zukunft Veränderung wirksam zu steuern, sollten CEOs, Management und Führungskräfte die eigene Veränderungskompetenz strukturiert reflektieren. Und zwar nicht erst nach dem Change-Prozess, sondern begleitend und fortlaufend. Mehr dazu später.

Wie Menschen
Erleben konstruieren

*Wenn du einen großen
Hammer hast, fangen
alle Dinge um dich herum
an, wie Nägel auszusehen.*

Paul Watzlawick

Wie wir Menschen etwas erleben, ist das Ergebnis von Aufmerksamkeitsfokussierung. Dies bedeutet, dass die von uns erlebte „Wirklichkeit" das Ergebnis eines individuellen emotionalen Konstruktionsprozesses ist, der einerseits einer komplexen Verkopplung individueller Wahrnehmungsvorgänge und andererseits sozialen Aushandlungsprozessen unterliegt. Nur so erklärt sich, warum mehrere Personen ein und denselben Umstand völlig unterschiedlich sehen und bewerten können.

Um das eigene Erleben zu verändern, bedarf es, praktisch betrachtet, einer Veränderung in den eigenen inneren Konstruktions- und Bewertungsprozessen. Das ist z. B. Bestandteil von Management-Coachings, in denen neue Perspektiven erarbeitet werden. Dadurch können neue neuronale Assoziationsnetzwerke entstehen (stellen Sie sich ein Netzwerk von miteinander verbundenen Neuronen vor – und neue Neuronen, die damit verknüpft werden), und das Erleben verändert sich. Ein Beispiel: Fokussiert ein Mensch stark auf die Risiken und Gefahren der digitalen Transformation, erlebt er jede Konfrontation mit dem Thema als tendenziell bedrohlich, da er bei jedem neuen Aspekt wiederum die (vermeintlich) bedrohlichen Aspekte fokussiert.

Wird dieses Bedrohungserleben nun z. B. von den Medien („x % aller Jobs fallen weg …") oder im Dialog mit anderen sich kritisch äußernden Menschen verstärkt, potenziert sich das Bedrohungserleben weiter. Das neuronale Netzwerk „Digitale Bedrohung" im Gehirn dieses Menschen wird immer größer und stabiler und generiert auch auf andere Bereiche. Chancen, die die digitale Transformation bietet, werden, wenn sie überhaupt ursprünglich gesehen wurden, in der eigenen Wahrnehmung eliminiert und sind damit nicht existent. Das Ergebnis: Es entsteht eine eigene Wahrheit, die für allgemeingültig erklärt wird, ohne dass einem diese Vorgänge unbedingt bewusst sind. Bei weiteren Wahrnehmungsvorgängen zu diesem Thema wird nun, ohne dass dieser Mensch „nachdenken" muss, das betreffende neuronale Netzwerk aktiviert und prägt das Erleben. Das führt unter anderem dazu, dass Informationen auch weiterhin immer so ausgewählt werden, dass sie zur „eigenen Wahrheit" passen. Das nennt sich fachsprachlich „Confirmation Bias" oder „Bestätigungsfehler". Dabei idealisiert die Wahrnehmung diejenigen Argumente, die die eigene Meinung bestätigen – und blendet Gegenargumente gänzlich aus. So bleiben vorgefertigte Meinungen hartnäckig in den Köpfen verankert (und die neuronalen Netzwerke werden weiter gestärkt). Wollte nun dieser Mensch sein Bedrohungserleben im Hinblick auf die digitale Transformation überwinden, wäre es zum einen unerlässlich, die Aufmerksamkeit auf positive Aspekte des Themas zu fokussieren und andererseits positive Erfahrungen im Umgang mit dem Thema zu ermöglichen. Probieren Sie es mal aus, indem Sie mit anderen Menschen über den drohenden Jobverlust aufgrund von Digitalisierung sprechen – und andererseits über die Möglichkeiten der digitalen Medizin, Leben zu retten. Mit der Taschenlampe das Gute auszuleuchten oder die potenzielle Gefahr – das bewirkt stoffwechselseitig immense Unterschiede. Konsequent auf die Möglichkeiten zu fokussieren (natürlich unter angemessener Behandlung der Risiken), verändert bei regelmäßiger Wiederholung das neuronale Netzwerk. Und da dies in Wechselwirkung zu anderen Netzwerken steht, werden durch die Veränderung eines Musters auch weitere Assoziationsnetzwerke beeinflusst. „Attention density shapes identity", so David Rock, der gemeinsam mit Jeffrey Schwartz relevante Untersuchungen zu diesem Thema durchgeführt hat. Mit anderen Worten: Das aktive Lenken der Aufmerksamkeit, in unserem Beispiel auf die Chancen der digitalen Transformation, führt dann zu einer Weiterentwicklung der Persönlichkeit, wenn durch die Umfokussierung neue Denk- und Handlungsmuster entstehen. Einsichten, die mit einem solch komplexen Umbau der „Gehirnmuster" einhergehen, entstehen meist im Zusammenhang mit starken emotionalen Erfahrungen. Dabei sind positive und damit durch Dopaminausschüttung begleitete Erfahrungen (diese lösen eine Hin-zu-Bewegung aus) deutlich effektiver als bedrohliche Erfahrungen, die Stresshormone und eine innere Weg-von-Bewegung bzw. Fluchtbewegung auslösen, wenn man etwas verändern möchte. Mit anderen Worten: Wenn ängstliche Menschen positive Aspekte der digitalen Transformation mit Freude erleben dürfen, findet Entwicklung statt, da sich Denk- und Handlungsmuster verändern und weiterentwickeln.

Manager und Führungskräfte fokussieren u. a. über ihre Kommunikation in hohem Maße, und oftmals unbewusst, die Aufmerksamkeit von Mitarbeitern. Stellen Sie sich den Effekt wie den Strahl einer Taschenlampe im Dunklen vor. Man schaut dorthin, wo sich der Lichtkegel befindet. Die Art, wie Sie in Ihrer Management-Rolle Chancen oder Risiken fokussieren (also wo Sie den Lichtkegel positionieren), prägt in einem hohen Maße das Erleben der Menschen im Unternehmen – und natürlich auch Ihr eigenes Erleben! Wenn regelmäßig auf Risiken „geleuchtet" wird, wird sich im Unternehmen ein Unsicherheitsgefühl etablieren. Logischerweise wird aus diesem Gefühl heraus deutlich eher Sicherheit in etablierten Verhaltensweisen gesucht als in neuem und verändertem Vorgehen – aber ohne, dass dies als bewusster Vorgang gesteuert wird. Dann ist Change unwahrscheinlich.

Manager und Führungskräfte können den Wandel nicht ändern. Sie können aber sehr wohl durch gezielte Aufmerksamkeitsfokussierung dafür sorgen, dass ihre Unternehmen eher positive Erfahrungen im Umgang mit diesen Veränderungen machen. Eine negative Einstellung, die sich häufig in Abwertungen äußert (z. B. „Ist doch alles eh nur ein Hype und nicht von Wert und Dauer!"), steigert dagegen die eigene Unsicherheit und kann mit dem Verlust von Authentizität in der CEO-Rolle einhergehen. Im Ergebnis steigert sich dadurch auch die Unsicherheit des Managementteams und der Führungskräfte.

Wenn wir auf die CEO-Rolle schauen, dann wird die kritische oder positive Erwartungshaltung im Hinblick auf die Möglichkeit, wie sich eine Situation bewältigen lässt, sehr stark durch die persönliche Haltung der CEOs geprägt. Digital affine CEOs stellen die Chancen deutlicher in den Vordergrund als digital weniger affine bzw. kompetente CEO-Rolleninhaber und CEO-Rolleninhaberinnen. Das heißt: Das persönliche Erleben in der CEO-Rolle prägt die Unternehmensvision bei diesem Thema sehr stark. Das wird nicht nur über die Strategie operationalisiert, sondern auch über die Inhalte und Schwerpunkte von Managementsitzungen sowie über die Führungsleistung gegenüber den Mitarbeitern.

Die Alarmanlage im Gehirn

Wenn alles unter Kontrolle ist, fährst du nicht schnell genug.

Karl Popper

Die Amygdala, eine Art „Alarmanlage" im Gehirn, steuert das Erleben von Bedrohungen wie z. B. des Verlusts von Sicherheit und Kontrolle und ist Teil des limbischen Systems. Dort laufen die für Handlungen, aber auch für das sonstige Erleben entscheidenden Bewertungsprozesse ab. Wenn in der Amygdala die eingehenden Reize als mögliche Gefahren interpretiert werden, reagieren wir mit Abwehrreflexen, bevor wir das bewusst registrieren, durch Ausschüttung von Stresshormonen und Angriffs- oder Flucht- und Schutzreaktionen. Denn neben der Grundbereitschaft zur Alarmreaktion speichert die Amygdala auch erlernte Gefahrensituationen, und zwar gleichgültig, ob die Gefahr von innen oder von außen kommt. Der Vorteil dieses evolutionsgeschichtlich ältesten Hirnbereichs ist es, dass er uns schon Reaktionen ermöglicht, bevor wir diese „denken" können. Im Laufe der Evolution hat sich dieser neurale Ablauf als zentrale Überlebenshilfe ausgebildet und bewährt.

Unser limbisches System steuert unser Erleben durch Gefühle als Rückmeldeverfahren, das uns nach dem Prinzip „Freund-Feind-Einstellung" oder – anders ausgedrückt mit Gerhard Roth – nach dem Prinzip „Gut für uns, schlecht für uns" leitet. Ohne diese Gefühls-Feedbacks ist ein vernünftiges Handeln nicht möglich. Wer nicht fühlt, kann auch nicht überlegt entscheiden oder handeln.

Will man als CEO ein Unternehmen verändern und sind für diese Veränderung neue Denk- und Verhaltensmuster notwendig (wie bei Fehlerkultur und Agilität), ist (unbewusstes und damit kaum regulierbares) Bedrohungserleben kontraproduktiv. Zumindest auf unbewusster Ebene entscheidet sich das Gehirn für eine Weg-von-Bewegung, um das Bedrohungserleben zu eliminieren. Insbesondere wenn diese bereits etablierten Muster mit einer emotionalen Erregung gekoppelt sind, sprechen wir von dominanten Mustern, die unter Druck unbewusst innerhalb von nur wenigen Millisekunden reaktiviert werden. Bevor man sich's versieht, sind alle Vorhaben im Hinblick auf Agilität, Fehlertoleranz und Innovation der unbewussten Weg-von-Bewegung zum Opfer gefallen. Koppeln wir diese angestrebten Veränderungen allerdings mit positiven Erregungsmustern, Spaß und Freude (Dopamin-Ausschüttung), so ist es umso wahrscheinlicher, dass eine Hin-zu-Bewegung ausgelöst wird.

Es gibt zwar auch andere Wege zur Großhirnrinde, in der die Signale unter Rückgriff auf Erinnerungen und gelernte Erfahrungen differenziert verarbeitet und Handlungsoptionen

geprüft werden, aber das gelingt nur, wenn die „Alarmanlage"
nicht aktiviert ist. Und: Es dauert deutlich länger.

Wenn Sie sich vornehmen, anders mit Ihren eigenen Fehlern und
den Fehlern der Führungskräfte umzugehen, um eine für Agilität günstige Fehlerkultur zu implementieren, dann kann Ihnen
das unter Schönwetter-Bedingungen mit großer Wahrscheinlichkeit gut gelingen, weil Sie den Sinn erkennen und die Veränderung als zielführend bei Ihnen abgespeichert ist. Sobald
jedoch ein Druck- und Stresserleben hinzukommt (die Bilanzen
sind schlecht, Aufsichtsrat und/oder Shareholder sind unzufrieden und üben Druck aus), steht das aktuelle Erleben unter dem
Einfluss von Bedrohungsmechanismen und Ihre Alarmanlage
springt an. Und eben diese Bedrohungsszenarien sind mit Netzwerken verknüpft, in denen etablierte Muster (wie z. B. ein kri-
tischer und vermeidender Umgang mit Fehlern) aktiviert werden. Diese etablierten Muster verfügen über einen echten
Wettbewerbsvorteil (mehr dazu später), weil sie bewährt, etabliert und „erfolgsgeprüft" sind. Bleiben wir in unserem Beispiel,
so hat Ihr Vorhaben, Agilität und eine sinnvolle Fehlerkultur zu
etablieren, zumindest auf unbewusster Ebene im Wettbewerb
mit primären Bedrohungsprinzipien keine Chance. Denn unsere Alarmanlage unterscheidet leider oftmals nicht reale le-
bensbedrohliche Situationen von sozial bedrohlichen Situationen wie z. B. Angst vor Kritik oder Positionsverlust. Bedrohung
ist Bedrohung.
    Darüber hinaus sind viele Unternehmensinstrumente auf
Risikominimierung fokussiert. Spontanität und Agilität werden
unter dieser Perspektive – weil kaum vorhersehbar – als Risiko
identifiziert! Ein typisches Beispiel ist der Umgang mit Innovationen. Reflexhaft werden Risiken ermittelt und Wege gesucht,
diese auszuschließen oder zumindest zu minimieren. Das führt
unmittelbar zur Entschleunigung, der Schwung verliert sich und
das Vorhaben wird sozusagen kaputt analysiert. Der Vorteil: Dieses risikofokussierte Vorgehen beruhigt sofort die innere Alarmanlage. Leider geschieht dies auf Kosten der Innnovation!

Wenn Menschen reflektiert agieren wollen und innovativ sein
möchten, dürfen sie sich nicht (bewusst oder unbewusst) be-

droht fühlen. Die Arbeits- und Organisationspsychologin Gabi Harding fand heraus, dass sich Managerinnen und Manager hauptsächlich mit drei Arten von Ängsten konfrontiert sehen: der Angst vor dem Unbekannten, der Angst vor dem Versagen und der Existenzangst. Aufzupassen, dass niemand am eigenen Stuhl sägt, und selbst an irgendeinem Stuhl zu sägen fordert aus ihrer Beobachtung die meiste Kraft und Arbeitszeit. Darunter leidet nicht nur die eigentliche Arbeit, sondern auch das reflektierte Entscheidungsverhalten. Die Schwächen und Ängste können kaum aufgelöst werden, da nach wie vor in Managementkreisen nur sehr ungern über diese Gefühle gesprochen wird. Verdrängte Ängste führen jedoch, so Harding, zu Überforderung und unkontrolliertem Aktionismus, zu Fehlsichtigkeit und Fehlentscheidungen. Die Alarmanlage auf Hochtouren.

Überträgt man das auf die aktuellen Herausforderungen in der CEO-Rolle, gilt es unbedingt, hinter die eigenen Kulissen zu schauen: Inwieweit handeln Sie in der täglichen strategischen und operativen Steuerung unter einem Druck, den Sie unter Umständen nicht reflektieren? Und wie sehr minimieren Sie damit im Ergebnis deutlich die Chance auf das von Ihnen anvisierte Umsteuern?

Um neuen Denkmustern eine Chance zu geben, muss das durch starken Druck ausgelöste unwillkürliche Bedrohungserleben also täglich reflektiert werden, um Unterschiede und Veränderung steuern zu können.

Wird ein ankommender Reiz als bedrohlich bewertet, entsteht ein Handlungsdruck, der ausschließlich darauf fokussiert ist, die Bedrohung zu eliminieren und die Spannung zu regulieren. Je größer der Druck ist, unter dem ein Mensch steht, desto wahrscheinlicher ist es, dass er in die ihm bekannten automatisierten und damit eingefahrenen Denk-, Gefühls- oder Handlungsmuster zurückfällt. Dementsprechend sind die eigenen erfahrungsbasierten inneren Bilder der angestrebten Veränderung von hoher Relevanz für die eigenen inneren Bewegungsmuster. Da hilft nur: Bewusst reflektieren, wie positiv oder eben negativ besetzt die angestrebte Veränderung ist, z. B. die digitale Transformation des eigenen Unternehmens. Das gilt selbstverständlich ebenfalls für das Topmanagement und die

Führungskräfte, welche die Veränderungen täglich operationalisieren müssen.

Wenn Alexander Birken, CEO Otto Group, 2018 auf der Work Awesome in Berlin darüber berichtet, dass sein Vorstandsteam über anderthalb Jahre durch einen Psychotherapeuten begleitet wurde, um einen agilen Mindset zu trainieren und eine kulturelle Neuausrichtung umzusetzen, dann wird deutlich, wie hart die eigene persönliche Veränderung und Weiterentwicklung in der Chef-Rolle sein kann, um das Unternehmen für die Zukunft wettbewerbsfähig aufzustellen. Für die von Alexander Birken für den Kulturwandel geschilderten notwendigen Veränderungen braucht es emotionale Stärke. Prof. Dr. Heike Bruch, Professorin für Leadership an der Universität St. Gallen, kann konkret belegen, dass 75 % der Unternehmen bei der Implementierung von New Work aufgrund von Ängsten scheitern, sowohl der eigenen als auch der der Mitarbeiterebene.

Aber es geht. Und es geht umso einfacher, je mehr Dopamin im Spiel ist und gleichzeitig Raum und Reflektion für die eigenen Ängste und Sorgen besteht. Und es braucht unbedingt attraktive Zukunftsbilder der Veränderung – eben das Gegenteil von Risiko und Bedrohung.

Erfahrung steuert unser Verhalten

Expectation shapes reality.

David Rock

Die persönliche Erwartungshaltung verändert die Wahrnehmung der Realität. Jeder Mensch hat eine mentale Landkarte und etablierte Muster im Kopf. Diese basieren auf erworbenen Erfahrungen. Daher fällt es uns Menschen schwer, sogar auf der Grundlage einer sehr differenzierten Beobachtung zu erkennen, ob es sich um eine Situation handelt, die dem gespeicherten Muster bzw. der inneren Landkarte entspricht, oder ob es sich nur um eine ähnliche Situation handelt, die unserem gespeicherten mentalen Modell nicht exakt entspricht und für die wir erst ein neues, passendes mentales Modell entwickeln müssen. Denn nur auf der Basis eines neuen mentalen Modells können neue dazu passende Handlungsoptionen entwickelt werden.

In einer vielbeachteten Untersuchung bestätigten die beiden US-amerikanischen Wirtschaftsprofessoren Donald Hambrick und Gregory Fukutomi die Mechanismen mentaler Modelle auch für die CEO-Rolle. Sie belegten, dass die Mehrheit aller CEOs zum Zeitpunkt des Amtsantritts bereits über eine eigene Weltsicht und Vorstellung davon verfügt, wie die vor ihnen liegenden Herausforderungen und Aufgaben zu lösen sind. Diese Weltsicht sei durch frühere Erfahrungen, die eigene Ausbildung etc. beeinflusst und bereits vor Übernahme der CEO-Rolle gefestigt. Die Beförderung in die CEO-Rolle werde als Bestätigung dieser auch schon in vorherigen Managementpositionen gezeigten Verhaltensweisen gewertet.

Aber wenn jede – vermeintlich – ähnlich gelagerte Herausforderung quasi undifferenziert ähnliche mentale Modelle antriggert, dann hat man auch in der CEO-Rolle kaum Möglichkeiten, differenzierte Handlungsoptionen zu entwickeln, um Veränderungen aus der eigenen Rolle heraus anzutreiben. Es sei denn, die eigenen mentalen Muster werden explizit im Hinblick auf die neue Aufgabe reflektiert. Da sich aber CEOs zum Amtsantritt, auch das ergab die Studie, selten offen zeigen für Impulse von außen (was sich aus der zu Beginn bereits erläuterten limbischen Logik heraus erklären lässt), ist die Wahrscheinlichkeit einer kritischen Reflexion gering. Also geht's mit alten Mustern auf zu neuen Rollen!

Wenn der Investor Frank Thelen in einem Interview von seiner ersten Unternehmenspleite mit 25 Jahren berichtet und auf die Frage, ob er das – er ist mittlerweile sehr bekannt und erfolgreich – hinter sich gelassen habe, antwortet, dass es ihn immer begleite und „sich in Drucksituationen melde", dann bedeutet das nichts anderes, als dass dieses Erlebnisnetzwerk, das intensiv mit Angst, Druck- und Stresserleben verknüpft war, auf der unwillkürlichen Ebene nach wie vor präsent ist und in Trigger-Situationen wieder aktiviert wird. Das kann einen belasten – oder man kann es im Positiven als inneres Barometer aktivieren. Wie auch immer. Wichtig ist es, an dieser Stelle zu verstehen, dass unsere Erfahrungen in neuronalen Netzwerken verbunden, organisiert und präsent sind und oft (unbewusst) aktiviert werden. Unser Erfahrungsgedächtnis spiegelt alles, was wir erleben und was wir tun, an diesen Netzwerken und bietet uns jeweils diese bisherigen Erfahrungen als eine Art Handlungsempfehlung zur Bewältigung der aktuellen Situation an.

Fasst man diesen Mechanismus des Gehirns in Bezug auf Veränderung zusammen, so lautet das Fazit: Es gibt keine Veränderung ohne Unterschiedsbildung. Denn nur die Bildung von Unterschieden verändert diesen Automatismus. Das gilt für menschliche Veränderungsprozesse ebenso wie für organisationale Veränderungsprozesse. Und da CEOs vor der großen Herausforderung der digitalen und kulturellen Veränderung ihrer Unternehmen stehen, kommt diesem Prinzip eine elementare Rolle zu, sowohl bei der Veränderung der eigenen Rolle als auch der des Unternehmens.

Wenn Sie sich die – hoffentlich entwickelte – Veränderungslandkarte für die digitale und kulturelle Weiterentwicklung Ihres Unternehmens anschauen, dann sollte auch die eigene Rollenveränderung klar ausformuliert sein. Denn es ist unwahrscheinlich, dass sich Ihre Rolle nicht verändern muss, wo doch um Sie herum kein Stein auf dem anderen bleibt. Die daraus resultierenden individuellen Veränderungsanforderungen müssen im Hinblick auf die eigenen Kompetenzen und bisherigen Veränderungserfahrungen kritisch reflektiert werden. Den neurobiologischen Grundsatz, dass etablierte Verhaltensmuster einen klaren Wettbewerbsvorteil gegenüber neuen und veränderten Verhaltensweisen haben, fasst der Kognitionswissenschaftler Allan Snyder pointiert zusammen: „Bewusstsein ist nur eine PR-Aktion Ihres Gehirns, damit Sie denken, Sie hätten auch noch etwas zu sagen."

Da dieser Mechanismus hochrelevant für Veränderung ist, erscheint es an dieser Stelle sinnvoll, fachlich kurz auszuholen.

Wenn wir Menschen etwas planen, abstrahieren oder komplexe Probleme lösen, dann nutzen wir dafür unsere Großhirnrinde. Dort verorten wir – einfach ausgedrückt – unseren Verstand. Die wirksamsten Aspekte von neuronalen Mustern sind allerdings zum größten Teil unwillkürlich („automatisiert") und meist auch auf unbewusster Ebene organisiert (s. Kapitel zuvor). Damit helfen unbewusste Muster schneller, stärker und effektiver zu reagieren als alles Bewusste bzw. Willentliche. Das ist ein in Gefahrensituationen überlebensnotwendiger Mechanismus. Wenn ein Feuer ausbricht, ist es wenig sinnvoll, eine Strategie auszudiskutieren, wie man sich rettet. Vielmehr werden Fluchtmuster aktiviert, die uns in Sekundenschnelle handeln lassen.

Am Beispiel einer ausgeprägten Sach- und Zahlenorientierung lässt es sich verdeutlichen: Bei Menschen mit einer ausgeprägten Zahlenorientierung ist diese nicht nur auf der kognitiven Ebene verankert (auch wenn sie dort bewusst erlebt wird), sondern auch in automatisierten Mustern. Sachverhalte werden von Menschen mit dieser Präferenz daher maßgeblich (und oftmals unbewusst) über die Zahlenebene erfasst. Muss sich die Unternehmenssteuerung nun im Rahmen der Digitalisierung eher auf qualitative Faktoren ausrichten (Kreativität, Innovation, Agilität ...), dann gilt es, die eigenen etablierten Muster zu verändern. Die Veränderung verlangt allerdings weitaus mehr als ein „Aha, habe ich verstanden! Mache ich jetzt anders!". Denn die gewohnten Muster sind auf unwillkürlicher Ebene als neurologisch bevorzugte Muster mit vielen Alltagskoordinaten intensiv verknüpft und werden so immer wieder schnell unbewusst aktiviert, vor allem in Drucksituationen. Dann schwenkt der Fokus wieder auf Fragen wie z. B. „Wie hoch ist der ROI?", „Und die Kosten?", „Und die Effizienz?" usw. Den ROI von Agilität berechnen? Schwierig.

Hinzu kommt in unserem Beispiel, dass eine hohe Zahlenfokussierung meist eng mit dem menschlichen Grundbedürfnis nach Sicherheit und Kontrolle verknüpft ist. Wenn nun die zahlengetriebenen Faktoren in den Hintergrund treten müssen, um Innovationen voranzubringen, führt dies häufig zu einem (unbewussten) Sicherheits- und Kontrollverlust, der wiederum zu Bedrohungserleben führt. Das wird selten bewusst erlebt. Es entsteht eher ein diffuses Gefühl von Druck. Um diesen Druck zu eliminieren, bietet uns unsere unbewusste Steuerung die Bewältigung des Problems mit bewährten Mustern an. In unserem Fall ist es die Zahlenorientierung, die sich aufgrund ihres Wettbewerbsvorteils gegenüber den eigentlichen Vorhaben, der Etablierung qualitativer Faktoren wie Agilität, Kreativität und Innovation, schlichtweg durchsetzt.

Es braucht also viele Wiederholungen von bewussten Musterunterbrechungen (neues Verhalten bewusst wiederholen), um die etablierten Muster zu verändern. Es dauert ungefähr drei Monate, bis neue Verhaltensweisen wiederum zum Automatismus werden. Das sind keine neuen Erkenntnisse. Sie sind feste Bestandteile der bekannten Ratgeberliteratur, die erfolgreich mit diesen Fakten arbeitet. Wir übertragen sie auf die Veränderung von Management- und Führungsverhalten. Bauen Sie sich Brücken, um unter Druck ein Zurückfallen in alte Verhaltensmuster zu reflektieren, um bewusst Verhaltensunterschiede hervorzurufen.

Das Ganze wird für Sie übrigens deutlich einfacher, wenn Sie das Arbeiten in agilen Formaten und Tools selbst ausprobieren – und idealerweise auch noch Spaß daran haben. Einfach mal machen.

Unser Gehirn sortiert aus

Das Gehirn ist in erster Linie ein Filterorgan, nicht so sehr ein Speicherorgan. Es kann natürlich auch speichern, aber in erster Linie schützt es uns vor der Überflutung an Informationen und lässt nur willkommene Neuerfahrungen hinein.

Gerhard Huhn

Das limbische System empfängt jedes neuronale Signal, also jeden Reiz, der aufgenommen wird. Dieses System bewertet die ankommenden Reize nicht nur – wie wir bereits in den vorherigen

Machtkampf zwischen Veränderung und Gewohnheit

Kapiteln gesehen haben – nach den Kriterien „Freund/Feind", „Bekannt versus unbekannt", sondern auch nach „Wichtig versus unwichtig". Das Gehirn verfügt daher über zwei weitere wichtige Funktionen: Zum einen führt es zwischen dem ankommenden Reiz und den bereits vorhandenen Wissensständen einen Abgleich durch und reduziert über ein konsequentes Aussortieren die Komplexität. Zum anderen findet gleichzeitig eine emotionale Bewertung des Reizes statt. Wird der Reiz im Rahmen dieser Bewertung als unwichtig registriert, wird er aus Gründen der Komplexitätsreduktion gar nicht erst weitergeleitet. Eine weitere Verarbeitung des Reizes findet nicht statt! Findet hingegen entweder eine positive emotionale Bewertung statt oder wird der Reiz im Rahmen der Prüfung als sinnvoll und wesentlich oder gar als bedrohlich eingestuft, wird er weitergeleitet. Nach Gerhard Roth spielt es – auf den Kontext von Führung übertragen – eine wesentliche Rolle, dass die Motivationslage, die Ausstrahlung sowie die Glaubwürdigkeit desjenigen, der den Reiz vermittelt, authentisch sind. Die Glaubwürdigkeit des Gegenübers wird weniger kognitiv als vielmehr unbewusst evaluiert, und dies bei jedem Gesprächskontakt.

Hinzu kommt, dass Menschen in komplexen Situationen Ankerpunkte suchen, um für sich Kontrolle und Sicherheit zu generieren. Diese Form der Komplexitätsreduktion wurde bereits von Lee Roth 1977 mit dem sog. fundamentalen Attributionsfehler beschrieben. Übertragen auf unser Thema: Gelingt es Mitarbeitern nicht, aufgrund der stetig zunehmenden Komplexität und Dynamik des Wirtschaftsgeschehens verlässliche Gesetzmäßigkeiten im und für das Unternehmen zu identifizieren, die ausreichend Orientierung und Kontrolle vermitteln, konzentriert sich ihre Aufmerksamkeit zunehmend auf die Person an dessen Spitze. Der Grund: Der Charakter des Menschen, hier des/der CEO, wird als beständiger und berechenbarer wahrgenommen als die nicht berechenbar und komplex erscheinenden äußeren und inneren Einflüsse und Faktoren. Resümiert man eine diesbezügliche Studie von Roland Berger, so ist eine schlechte Wahrnehmung für CEOs gefährlicher als eine unzureichende Performance. In 71 % war eine schlechte Wirkung der Demissionsgrund für CEOs – nicht ihre Leistung.

Aus dieser Perspektive betrachtet, sind aktuelle Studienergebnisse (u. a. KPMG 2017), die einen massiven Schwund bei der Glaubwürdigkeit des Topmanagements ermittelt haben, alarmierend, denn es passiert allem Anschein nach zweierlei: Ihre Aussagen werden als nicht glaubhaft und damit – bestenfalls – als unwichtig von den Mitarbeitern eingestuft und aussortiert. Gleichzeitig findet ein Sicherheits- und Kontrollverlust statt, da nun eine glaubwürdige Führungsfigur fehlt – und das in Phasen der Veränderung, in denen ein erhöhter Bedarf an Führung besteht.

Wichtig: Glaubwürdigkeit transportiert man nicht nur über Sprache. Die Tatsache, dass das gesprochene Wort den geringsten Teil der Kommunikationsübertragung ausmacht, sondern vielmehr die Intonation sowie die Körperhaltung, insbesondere auch die Analyse des Gesichtsausdrucks (Mikroexpression) durch die Zuhörer entscheidend ist, ist wissenschaftlich bestätigt. Die Schlussfolgerung: Je besser das Topmanagement und die Führungskräfte mit authentischer Motivation die Sinnhaftigkeit der angestrebten Veränderung in dialogischen Formaten vermitteln können, umso mehr erhöht sich die Wahrscheinlichkeit – und zwar immens –, dass die Mitarbeiter unbewusst die Veränderung als sinnvoll und auch als emotional gewinnbringend deuten und den vorgeschlagenen Weg mitgehen, weil sie einen eigenen Zielbezug aufbauen können.

Die Formel lautet: Je interessierter, glaubwürdiger und überzeugter der die Botschaft vermittelnde Mensch ist, umso mehr schließt daraus das limbische System seines Gegenübers, dass der Reiz tatsächlich Relevanz besitzt. Leider gilt das auch umgekehrt. Die CEO-Rolle als Sinnstifter hat dementsprechend – wenn man es neutral betriebswirtschaftlich betrachtet – eine produktivitäts- und geschwindigkeitssteigernde Wirkung, weil sie in hohem Maße Sicherheit, Orientierung und Sinn – als Grundlage für jede Veränderung – vermittelt. Dies hat jedoch einen Haken: Man muss das, was man als CEO sagt, auch selbst glauben. Aus diesem Grund ist die konsequente Auslagerung der digitalen Weiterentwicklung des eigenen Unternehmens hin zu CIOs und CTOs nachteilig für die kulturelle Transformation des Unternehmens, die mit der technischen Transformation einhergehen muss. Vorstände ziehen sich einer Studie von TCS und

Bitkom Research aus 2017 zufolge sogar immer mehr aus der Steuerungsrolle zurück. Das ist vor allem nachteilig im Hinblick auf die kulturelle Transformation, deren Erfolg maßgeblich von der Glaubwürdigkeit der CEO-Rolle abhängt.

In der Auswertung relevanter Studien zum Thema Erfolgsfaktoren im Change Management wird diese Abhängigkeit bestätigt, wie wir später noch ausführlicher darstellen werden. Das bedeutet, dass Sie nicht nur glaubhaft die digitale-kulturelle Transformationsstrategie vermitteln können müssen. Ihr kommunikatives Handeln muss vielmehr ein integraler Bestandteil der Unternehmensstrategie sein, sowohl prägnant als auch fokussiert, damit die Sicherheit und Ankerpunkte suchenden Führungskräfte und Mitarbeiter sich orientieren können.

Menschen sind ambivalent

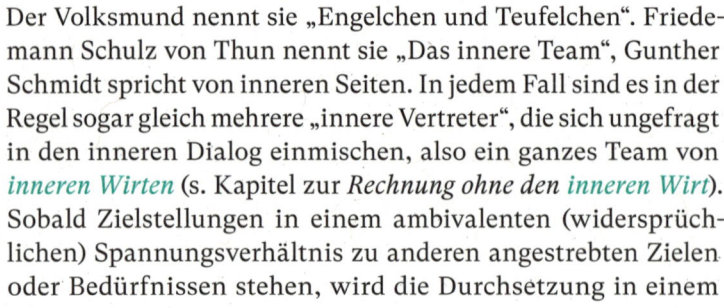

*Zwei Seelen wohnen, ach!
in meiner Brust!*

Johann Wolfgang von Goethe

Der Volksmund nennt sie „Engelchen und Teufelchen". Friedemann Schulz von Thun nennt sie „Das innere Team", Gunther Schmidt spricht von inneren Seiten. In jedem Fall sind es in der Regel sogar gleich mehrere „innere Vertreter", die sich ungefragt in den inneren Dialog einmischen, also ein ganzes Team von *inneren Wirten* (s. Kapitel zur *Rechnung ohne den inneren Wirt*). Sobald Zielstellungen in einem ambivalenten (widersprüchlichen) Spannungsverhältnis zu anderen angestrebten Zielen oder Bedürfnissen stehen, wird die Durchsetzung in einem

„inneren Kampf der Bedürfnisse" ausgehandelt. Davon bekommt man auf der Bewusstseinsebene oft gar nichts mit. Hier ein Beispiel: Der Kunde erwartet Innovation, der Shareholder erwartet steigende Wachstumsraten, die Organisation soll agil werden, und die Führungskräfte und Mitarbeiter erwarten ein attraktives Arbeitsumfeld. Diese zumindest in Teilen im Konflikt stehenden Erwartungshaltungen der unterschiedlichen Interessengruppen werden durch die hinzukommenden Anforderungen, die ein Veränderungsprozess stellt, sogar noch komplexer. Die Formel ist einfach: Je mehr unterschiedliche eigene und fremde Erwartungshaltungen aufeinandertreffen (sog. Multivalenzen in Gestalt eines gleichzeitigen Nebeneinanders von Wünschen, Erwartungen, Verpflichtungen, Gefühlen und Gedanken, die sich widersprechen und daher zu inneren Spannungen führen) und je ausgeprägter diese sind, umso komplexer gestaltet sich das Treffen von Entscheidungen („Welcher Erwartung oder Verpflichtung soll ich jetzt Folge leisten?"). Diese Entscheidungen werden, insbesondere unter Druck, eben nicht (nur) kognitiv-rational getroffen, sondern in erster Linie auf unbewusster Ebene. Die Entscheidung fällt dann – zumindest, wenn sie nicht vorab reflektiert wird – zugunsten derjenigen Verhaltensweise aus, die den vermeintlich größten inneren Druck eliminieren kann. Im Nachhinein wird die getroffene Entscheidung in Sekundenbruchteilen rationalisiert und wir gehen fest davon aus, es sei eine rationale Entscheidung auf Faktenbasis getroffen worden.

In der CEO-Rolle ist es erfolgskritisch, die eigenen Ambivalenzen zu reflektieren und sich im Klaren darüber zu sein, dass man in jedem Fall einen Preis zahlen muss, egal wie man sich entscheidet! Der zögerliche Umgang mit dringend benötigten Entscheidungen, wie wir ihn mittlerweile in vielen Unternehmen beobachten, lässt auf ein schlechtes Ambivalenz-Management schließen.

Bei stabil und ertragreich laufenden Geschäftsmodellen lag der Preis für das Nichttreffen oder das verzögerte Treffen relevanter Entscheidungen bislang oftmals in der aufgegebenen Veränderungsinitiative zugunsten der Absicherung des betriebswirtschaftlichen Jahresplanziels. Das wird künftig nicht mehr so zu lösen sein, da die Abhängigkeit von der Veränderungskompetenz der Organisation steigt. Aber bewusst ein Jahresergebnis „in den Sand setzen", um den Change erfolgreich durchzuführen? Oder gar die Effizienz für die Agilität opfern? Sind das künftig denkbare Optionen?

Jedenfalls: Je aktiver Sie den Umgang mit den eigenen Ambivalenzen und Zielkonflikten gestalten und je pragmatischer Sie den zu zahlenden Preis akzeptieren, umso schneller und agiler können Sie handeln und steuern.

Festhalten an Bewährtem

Ausgetretene Pfade sind die sichersten, aber es herrscht viel Verkehr.

Jeff Taylor

Zum Abschluss dieses ersten Kapitels wollen wir noch einen kurzen Blick auf relevante sozialpsychologische Phänomene werfen, also auf das Verhalten von Menschen in Gruppen, das höchst relevante Auswirkungen auf jedes Entscheidungsverhalten in Unternehmen hat.

Das erste Phänomen nennt sich „Pluralistische Ignoranz" und beschreibt ein Verhalten von Menschen in Gruppen, bei dem einzelne Gruppenmitglieder nur deshalb eine kritische Meinung nicht äußern, weil sie sicher davon ausgehen, dass sie mit ihrem abweichenden Standpunkt allein stehen. In der Gruppe wird wiederum das Schweigen vor allem derjenigen Personen, die grundsätzlich als eher kritisch wahrgenommen werden, als Zustimmung gewertet.

Bewertet man dieses Verhalten aus der Perspektive der Grundbedürfnisse von Menschen, so spielen auf unbewusster Ebene das Bindungsbedürfnis sowie der Wunsch nach Zugehörigkeit zu einer Gruppe eine große Rolle. Um diese Zugehörigkeit zu schützen, wird die eigene kritische Haltung unterdrückt.

Wissenschaftler bezeichnen dieses Verhalten als „Stilles Abwägen", in dem Menschen in einer Art innerer Hochrechnung das Risiko, aufgrund einer kritischen Äußerung von der Gruppe abgelehnt zu werden, der möglichen Gefahr für das Unternehmen gegenüberstellen. In der Regel entscheidet sich der Andersdenkende – wenn die Ablehnungsgefahr als sehr hoch eingeschätzt wird – dafür, seine kritische Meinung nicht zu äußern. Besonders auffällig ist dieses Verhalten in Unternehmen, in denen kritische Äußerungen durch das Management oder schlimmstenfalls durch den Chef selbst negativ gewertet werden. Der gelernte Subtext ist klar: Äußere ja nichts Kritisches!

Wenn man Unternehmenskultur als ein Ergebnis von kollektivem und individuellem Verhalten betrachtet, dann führt dieses Verhalten in eine Kultur, in der „man" kritische Meinungen nicht äußert. Für Unternehmen, die neue Wege gehen wollen, ist diese Kultur ausgesprochen hinderlich.

In Kombination mit einem Phänomen, das Forscher „eskalierendes Commitment" nennen, kann eine Gesprächskultur, in der kritische Vorbehalte nicht geäußert werden dürfen, besonders schwerwiegende Folgen haben. Das eskalierende Commitment beschreibt den Umstand, dass Menschen – auf unbewusster Ebene – dazu neigen, einen einmal eingeschlagenen Kurs fortzuführen, auch wenn dieses Vorgehen rational und faktisch kaum herleitbar ist. Sollten Sie gerade Schwierigkeiten haben, dieses Verhalten mit kalkuliert rechnenden Managern in Verbindung zu bringen, dann hilft nur der Blick ins menschliche Innere: Dieses irrationale Verhalten ist tief in uns Menschen verankert und daher nicht trennbar von im Unternehmen übernommenen Rollen und Funktionen, die Menschen ausführen. Es gibt viele Unternehmensbeispiele, wo ein zu langes Festhalten an bisherigen Erfolgsstrategien den Untergang der Unternehmen zur Folge hatte. Kodak und HMV sind hier nur zwei Beispiele.

Folgende, mittlerweile empirisch gut erforschte menschliche Verhaltensweisen erklären das „eskalierende Commitment": die sog. Sunk Cost Trap, die Verlustaversion, die Kontrollillusion, der Wunsch nach Vollständigkeit sowie eine hohe persönliche Identifikation.

Aber der Reihe nach. Stehen Manager vor der Entscheidung, ein Projekt aufzugeben, in das bereits viel Geld investiert wurde, rechnen sie bei dieser Entscheidung die bislang angefallenen Kosten mit ein, obwohl die Entscheidung, rational betrachtet, auf der Basis des aktuellen Status quo für die Zukunft getroffen werden müsste. Die häufig irrationale Hoffnung, dass die bisherigen Investitionen durch weitere Investitionen gerettet werden könnten, lässt sich faktisch oftmals nicht durch die vorliegenden Daten begründen (sonst würde man kaum an dieser kritischen Entscheidungsschwelle stehen). Dass der Discounter Lidl erst nach sieben Jahren gemeinsamer Arbeit an der Einführung eines neuen Warenwirtschaftssystems mit SAP die Reißleine gezogen hat, ist ein klassisches Beispiel. Kosten von voraussichtlich mehr als einer halben Mrd. Euro sprechen auch hier für ein verspätetes Eingreifen, ebenso wie bei der Deutschen Post, die mit ihrem Versuch, eine neues IT-System einzuführen, nach der Anhäufung hoher Verluste scheiterte. Experten schätzen die Höhe des Verlusts auf 500 Mio. Euro.

Verstärkt wird dieses Phänomen der Sunk Cost Trap zusätzlich, wenn Menschen, die sich persönlich ganz besonders mit dem Projekt identifizieren, über dessen Weiterführung zu entscheiden haben. Persönliche Identität und sozialer Status sind, und das ist ausreichend belegt, eng mit eigenen Entscheidungen verbunden. Das Widerrufen der eigenen Entscheidungen kann – auf unwillkürlicher Ebene – zu einem gefühlten Statusverlust führen. Und Statusverlust ist, das zeigen die Forschungsreihen von David Rock und Jeffrey Schwartz eindrücklich, mit Zentren im Gehirn verbunden, die bei Identitäts- oder sogar Lebensbedrohungen aktiv werden.

Aber auch wenn die persönliche Identifikation nicht so hoch ist, teilen die meisten Menschen eine grundsätzliche Verlustaversion. Das Modell der Verlustaversion wurde von Daniel Kahneman und Amos Tversky, Nobelpreisträgern im Fach Wirtschaftswissenschaften, entwickelt. Es erklärt, warum häufig irrational entschieden wird, weiter zu investieren, nur um einen Verlust an sich zu vermeiden. Dies bezieht sich aber nicht nur auf einen potenziellen wirtschaftlichen Verlust. Der auf unbewusster Ebene ausgeprägte menschliche Wunsch nach Vollständigkeit, danach, etwas zu Ende zu bringen, was man angefangen hat, wird hier ebenfalls massiv irritiert. Der Spruch „Was man anfängt, wird auch zu Ende gemacht!" kommt Ihnen sicher bekannt vor. Möglich wird dieses irrationale Vorgehen durch die letzte Wahrnehmungsverzerrung, die wir vorstellen wollen, die sog. Kontrollillusion. Diese umschreibt das Phänomen, dass Menschen für gewöhnlich ihre Möglichkeiten, auf die Zukunft Einfluss zu nehmen, überschätzen. Diese an sich positive Wahrnehmungseigenschaft ist bei heiklen betriebswirtschaftlichen Entscheidungen gefährlich, zumindest, wenn diese Wahrnehmungsverzerrung nicht kritisch reflektiert wird.

Auf die vorgenannten menschlichen Phänomene werden wir in den nachfolgenden Kapiteln regelmäßig zurückkommen, da sie erklären, warum sich auch CEOs, Manager und Führungskräfte oftmals – unbewusst – irrational verhalten.

Versuchen wir uns an einem Fazit für dieses erste Kapitel: Das einleitende Zitat von Albert Einstein – *„Die reinste Form des Wahnsinns ist es, alles beim Alten zu lassen und gleichzeitig zu hoffen, dass sich etwas ändert"* – beschreibt ein irrationales Festhalten an Altem bei gleichzeitigem Hoffen auf Neues. Diese Irrationalität ist höchst menschlich. Wir rationalisieren in Millisekunden unsere emotional getroffene Entscheidung und erleben sie als faktenbasiert. Das ist völlig in Ordnung, wenn wir den Status quo halten wollen.

Wer allerdings etwas – sich selbst oder sein Unternehmen – verändern will, sollte sich der in diesem Kapitel dargestellten neurobiologischen, psychologischen und sozialpsychologischen Fakten bewusst sein. Abschaffen oder Verändern kann man diese „menschlichen Fakten" nicht. Daran ändert auch die Digitalisierung nichts, denn der Mensch bleibt analog. Aber über eine gezielte Reflexion steigert sich die eigene Entscheidungs- und Veränderungsqualität nachweislich.

In Kürze:

→ Reflektieren Sie gezielt Ihre Ambivalenzen und (inneren) Zielkonflikte beim Treffen von Entscheidungen. Vor allem im Hinblick auf Ihr neues Vorhaben sollten Sie sich fragen, inwieweit ein Festhalten an bewährten Vorgehensweisen Ihrer Zielerreichung schadet!

→ Da unsere innere Steuerung erfahrungsbasiert funktioniert, ist es wichtig, bisherige Erfahrungen in Bezug auf das künftige Vorhaben kritisch zu reflektieren. Damit bekommen neue Verhaltensweisen eine reale Chance gegen etablierte innere Muster, die ja – wie wir dargelegt haben – über einen relevanten Wettbewerbsvorteil verfügen.

→ Schaffen Sie sich Mechanismen im Unternehmen, mit denen Sie die Wirksamkeit des eigenen Veränderungs- und Entscheidungsverhaltens und das Ihres Management-Teams strukturiert und kritisch auswerten können. Das unterstützt ein adaptives und situativ notwendiges Umsteuern.

→ Legen Sie mit Ihrem Management-Team Entscheidungsregeln fest. Stellen Sie sich selbst bei der Entscheidungsdiskussion zurück, wenn Sie mit dem Inhalt der Entscheidung persönlich hoch identifiziert sind. Es sollte mindestens eine Person mit am Entscheidungstisch sitzen, die sich in Bezug auf die Vorgeschichte neutral verhalten kann.

→ Schenken Sie kritischen Abweichlern unbedingt Gehör. Dieses Vorgehen ist im besten Sinne kulturprägend und wird die Entscheidungsqualität in Ihrem Unternehmen messbar erhöhen. Denn auch andere werden sich trauen, ihre Meinungen offen zu vertreten. Und wenn sich die Kultur im Management etabliert, kann sie sich auch automatisch über Führung im Unternehmen auf Mitarbeiterebene entwickeln. Dann braucht es keine großen extern und von viel Aufwand begleiteten Kulturveränderungsprozesse mehr! Man macht es einfach.

→ Dass Kommunikation an sich schon zu Verständnis führt, ist ein sich hartnäckig haltender Mythos und führt oftmals zu „Überkommunikation", was die Wahrscheinlichkeit einer gezielten Aufnahme der wichtigen Inhalte maßgeblich verschlechtert. Fokussieren Sie in Ihrer Kommunikation auf die wesentlichen Inhalte, damit diese die Reizschwelle der stetig „aussortierenden Gehirne" Ihrer Zuhörer überwinden können.

Fazit und Veränderungsansätze

Strategiearbeit 4.0 – Zukunft neu erfinden

Die Antwort auf Ungewissheit liegt nicht im Verzicht auf Strategie, sondern darin, zu dem zurückzufinden, was eine gute Strategie von Anfang an ausgemacht hat: eine kritische Reflexion der Zukunft und eine aktive Einflussnahme auf das, was sein soll.

Burkhard Schwenker

Die Diskussionen darüber, dass nichts mehr planbar und alles komplex sei und daher auch die „Strategie als Tool" ausgedient habe, sind nicht produktiv. Sie haben u. U. sogar sehr schädliche Auswirkungen. Fragen wir den *inneren Wirt*, dann aktivieren diese negativen Aussagen aufgrund der rasant steigenden Unsicherheit und des daraus resultierenden Kotrollverlustes bei vielen Managern auf der unbewussten Ebene sogar ein Bedrohungserleben. Die Folge: Die Alarmanlage springt an, und bislang erfolgreiche und etablierte („alte") Steuerungs- und Kontrollmuster werden aktiviert, um den Druck zu regulieren. Ade Neues oder gar Veränderungsvorhaben.

Auch der Management-Vordenker Roger Martin hält wenig von der Panikmache um Volatilität und Disruption, weil sie sich seiner Ansicht nach negativ auf die Entscheidungsqualität auswirkt. Die inflationär verbreitete These, dass das Gelingen der Zukunft von schnellen Entscheidungen abhänge, hält er für eine bislang nicht bewiesene leere Behauptung. Er kritisiert, dass sich Manager heutzutage eher „viel beschäftigt halten" statt sich Zeit fürs Nachdenken zu nehmen – nach wie vor die Grundlage guter Entscheidungen.

Seine Empfehlung für CEOs, Management und Führungskräfte lautet vielmehr: Manager müssen unterscheiden zwischen denjenigen Entscheidungen, die Zeit zum Nachdenken benötigen, und denen, die situativ getroffen werden können bzw. müssen.

Und für erstere müsse man sich als Manager Zeit nehmen. Das sei eine der Kernaufgaben von Management, so Martin.

Bestätigt wird diese Aussage – zumindest indirekt – durch die wissenschaftlichen Arbeiten von Hartmut Rosa, Soziologe an der Universität Jena, der sich mit der lähmenden Wirkung von immer schnelleren Veränderungen der Umwelt auf Organisationen auseinandergesetzt hat. Wo die Notwendigkeit zu schnellem Handeln wachse, die zunehmende Menge an Daten aber längere Handlungs- und Reaktionszeiten verlange, sinke der „Rationalitätsstandard", so Rosa. Das führe zwangsläufig zu einer steigenden Anzahl von Fehlentscheidungen oder aber zum Aussitzen von Entscheidungen.

Wenn wir diese Aussagen auf die Zukunft der Strategieentwicklung übertragen, dann liegt die Alternative zur klassischen Strategieentwicklung in volatileren Zeiten nicht in der quasi kontinuierlich-situativen Ad-hoc-Entscheidung (losrennen), die vor allem für Unternehmen mit größeren Investitionszyklen undenkbar wäre. Um neue Handlungsoptionen zu entwickeln, bedarf es vielmehr einer bewussten, kritischen Auseinandersetzung mit den Möglichkeiten, die sich bieten, Strategie neu und in unterschiedlichen Stilen zu denken.

Nach Burkhard Schwenker liegt die Zukunft der Strategiearbeit in ihrer Verdichtung, und zwar im Sinne eines kontinuierlichen szenarischen Angangs diverser möglicher Zukünfte. Die zu entwickelnden Szenarien sind in strategischen Handlungsalternativen auszuformulieren. Dann kann Strategie als (nahezu einziges) Entscheidungskriterium in der Steuerung von Ungewissheit und Komplexität dienen. Allerdings sind, so Burkhard Schwenker, die Anforderungen an Strategie als Instrument durch die steigende Ungewissheit erheblich gestiegen.

Strategie muss in Zukunft
— reflektierend sein (Wissen um Ungewissheit),
— offen und kritisch sein (nicht dem Mainstream folgen, Denkfallen vermeiden),
— tief reichen (Muster erkennen und Zukunftsbilder liefern),
— mutig sein (auf ein eigenständiges Zukunftsbild setzen, gegebenenfalls auch gegen die vorherrschende Logik).

Vor allem geht es aus seiner Sicht darum, die vermeidbaren Fehler unbedingt zu unterlassen, da dies heute – im Gegensatz zu früher – überlebensentscheidend sein kann.

In der Beratungspraxis stoßen wir nach wie vor auf erstaunlich viele Unternehmen, die gar keine (echte) Strategie entwickelt haben. Sie geben sich eine Art von Vision und setzen darunter vorwiegend zahlengetriebene Ziele, die unmittelbar in die Planung übernommen werden. Sodann wird akribisches Controlling betrieben, und jede Planabweichung löst in diesem Konstrukt unmittelbaren Druck aus, was zur Korrektur auf Kostenseite führt. Druck führt wieder zur Aktivierung bewährter Muster ... etc. Viele Unternehmen, die zwar eine Strategie haben, passen diese allerdings nicht konsequent an ihr Marktumfeld an, sondern verfolgen weiterhin klassische Strategieansätze, obwohl das betreffende Umfeld sich deutlich unberechenbarer entwickelt als noch in den vergangenen Jahrzehnten. Nicht alle Märkte haben sich verändert, aber einige eben sehr stark. Hier gilt es zu differenzieren.

„Wendigkeit vor Zielfokussierung" lautet die Devise in volatilen Marktumfeldern. Diese Wendigkeit muss sich nach Schwenker in deutlich grobkörnigeren Planungsmethoden wiederfinden, sodass die Abweichungen künftig qualitativ und nicht mehr nur quantitativ zu monitoren sind. Da die im Rahmen der

Handlungsszenarien getroffenen Maßnahmen stetig zu überprüfen und anzupassen sind, minimiert sich das unternehmerische Risiko deutlich.

Das hört sich allerdings viel einfacher an, als es wahrscheinlich ist. Was sagt der Realitäts-Check? Management ist nach wie vor durch lineare und kausal hergeleitete Lösungsansätze geprägt. Die Anwendung dieses „alten Handwerkszeugs" durch das Management findet offensichtlich konsequenten Vorzug (die etablierten Muster mit Wettbewerbsvorteil!) und „agile Planungsmethoden" sucht man verzweifelt. Es scheint (noch) keinen Bedarf zu geben. Oder doch?

Wir interpretieren dieses Festhalten an alten Lösungen (Sie ahnen es schon: der *innere Wirt*) als Reaktion auf die deutlich gestiegene Unsicherheit und Komplexität. Es ist eben keine Frage der Erkenntnis. Denn es steht ja mittlerweile überall, was man tun soll. Nur nicht, wie. Also, wie kann das nun gehen mit dem Umsteuern? Strategiearbeit als inkrementellen Prozess begreifen? Die dafür benötigte Managementfähigkeit heißt nach Mintzberg und Waters „Strategic Learning". Diese Fähigkeit umfasst eine hohe Flexibilität und Aufmerksamkeit und eine kontinuierliche Lernbereitschaft, um die festgelegte Strategie den sich jeweils verändernden Rahmenbedingungen anpassen zu können.

Untersucht man Veränderungsstrategien in Unternehmen, dann zeigt sich übrigens das gleiche Bild. Auch hier werden weiterhin „etablierte" Change-Management-Methoden eingesetzt (wenn überhaupt), obwohl die Komplexität sozialer Systeme nun ausreichend bekannt ist und deutlich wirkungsvollere Ansätze in Form von iterativen, entwicklungsfokussierten und (hypno-)systemischen Formaten existieren. Viele Studien belegen die Unwirksamkeit dieses Vorgehens. Der *innere Wirt* würde nun sagen: Change bedeutet Unsicherheit. Und nicht reflektierte Unsicherheit wirft uns ohne Umweg zurück in etablierte Verhaltensweisen.

Insofern ist Strategiearbeit wichtiger denn je. Sie muss sich nur elementar verändern. Von Sicherheit, Ausschlussprinzip und Verdichtung zu Iteration und Kontextorientierung. Von

„Wahrheit" zu Hypothese. Von Zielorientierung zu Fokussierung auf einen Weg, der Iteration und Entwicklung zulässt. Vor allem müssen sich die Strategen verändern – und diejenigen, die die Strategie zu verantworten haben. Wird die bestehende Unsicherheit von Beginn an einkalkuliert, kann man mit ihr umgehen. Auch wenn die Komplexität in den vergangenen zehn Jahren deutlich zugenommen hat, hat Henry Mintzberg bereits in den 1960er-Jahren mit seinen Ausführungen zur emergenten Strategie erkannt, dass sich unter Komplexität sowohl geplante als auch ungeplante Strategien entwickeln, und dass sich Letztere „einfach so" etablieren.

Diese Feststellungen verarbeitete er im Rahmen seines Ansatzes der emergenten Strategie, wobei er unter „emergent" genau das Phänomen verstand, dass Strategien nicht notwendigerweise durch eine strategische Analyse, sondern auch auf unerklärliche Weise entstehen können. Ein erster Hinweis auf Selbstorganisationskräfte in Unternehmen, würde man heute sagen. Daraus resultierte auch seine Auffassung davon, wie Strategie und Planung zueinander stehen. „Strategy is not the consequence of planning, but the opposite: its starting point."

Mintzberg ist mit seinem Ansatz heute so aktuell wie nie. Allerdings muss es in der Strategieentwicklung der Zukunft einen von Beginn an nunmehr bewusst zu beachtenden Posten der Nichtbeherrschbarkeit geben. Idealerweise wird dieser Part ansatzweise gesteuert, so etwa über agile Strategieansätze und -methoden: Platz lassen für Zufälle und günstige Gelegenheiten anstatt einer totalen Fokussierung auf die festgelegte Strategie.

Neben der für die Entwicklung einer Strategie relevanten Unterscheidung, ob sich das Unternehmen in einem berechenbaren oder unberechenbaren Markt befindet, stellt sich die ebenso relevante Frage, ob und inwieweit der Markt formbar ist. Nach Martin Reeves et al. ergeben sich – entwickelt man eine Matrix aus den beiden Variablen „Berechenbarkeit" und „Formbarkeit" – vier grundsätzliche strategische Stilrichtungen: klassisch, adaptiv, prägend und visionär. In ihren Studien ermittelten die Forscher, dass diejenigen Unternehmen, die ihren Strategiestil an die jeweilige Marktumgebung anpassten, im Schnitt zwischen 4 bis 8 % höhere Renditen erwirtschafteten als

Unternehmen, die mit klassischen Strategieansätzen agierten. Eine Umfrage der Boston Consulting Group unter 120 Unternehmen ergab, dass die Manager sich sehr wohl der Anpassungsnotwendigkeit ihres Strategiestils an das jeweilige Wettbewerbsumfeld bewusst waren. Gleichzeitig aber hielt ein Großteil von ihnen an Strategieansätzen fest, die nur für ein berechenbares, stabiles Umfeld geeignet sind. Wieder ein Fall irrationalen Festhaltens an bewährten Mustern, trotz kognitiver Reflexion der Veränderungsnotwendigkeit.

Ein Plädoyer dafür, trotz aller Ungewissheit nicht sämtliche theoretischen und methodischen Ansätze zugunsten eines völlig flexiblen Agierens über den Haufen zu werfen, kommt von Clayton Christensen, dem Erfinder der Disruption. Er plädiert dafür, guten Theorien – die einem nicht beibringen, *was* man denken soll, sondern *wie* man denken soll – nach wie vor Raum zu geben, weil sie Möglichkeiten bieten, Probleme so zu formulieren, dass man die richtigen Fragen stellen und so zu den wirklich nützlichen Antworten gelangen kann.

Geht man nun in voller Akzeptanz der Unsicherheit – für zumindest einen Teilbereich der Strategie – in die Strategieentwicklung und adaptiert seinen Strategiestil auf das jeweilige Wettbewerbsumfeld, wird ein iterativer Aufbau der Strategie zur logischen Folge, und der Hypothesencharakter von Strategiearbeit tritt deutlich zutage. Der Vorteil liegt klar auf der Hand: Wenn man sich des Hypothesencharakters bewusst ist, fällt das situative Umsteuern deutlich leichter (keine Sunk Cost Trap!) und damit der kompetente Umgang mit Komplexität.

Strategiearbeit ist künftig mehr denn je eine Wette auf die Zukunft, die von Hypothesen getragen in kürzeren Zyklen auf ihre Wirksamkeit hin überprüft werden muss. Sichere Annahmen und Unsicherheitszonen sauber voneinander zu trennen und die jeweils passenden Tools parallel anzuwenden, wird zur Kerndisziplin von Strategie-, aber auch von Controlling-Abteilungen. Hier sind neue Fachkompetenzen gefordert.

Wir bezweifeln allerdings stark, dass diese bereits zum Standard der universitären Ausbildungen gehören.

Diversität in der Strategiearbeit

Ein Teil des Macintosh-Erfolgs bestand darin, dass die Leute, die daran gearbeitet haben, Musiker, Dichter, Künstler, Zoologen und Historiker waren, die zufällig auch die besten Computerwissenschaftler der Welt waren.

Steve Jobs

Wie erfindet man denn nun die Zukunft neu? Betrachten Sie Ihr Management-Team und überlegen Sie, wie wahrscheinlich es ist, dass auf dieser Basis von Zusammenarbeit wirklich Neues entstehen kann. Der vertraute Kreis des Teams ist für die Operationalisierung und Umsetzung von festgelegten Zielen und Strategien sehr wertvoll. Wenn es allerdings darum geht, querzudenken und neue Wege zu beschreiten, ist die Wahrscheinlichkeit hoch, dass man sich mit einem eingespielten Team auch in vertrauten Logiken bewegt. Denn: Auch in einem Team haben sich Denkmuster etabliert, die durch persönliche Erfahrungen und Dispositionen geprägt sind. Unser Gehirn bietet dann – wie durch eine Brille schauend – diesen selektierten Teil der Realität an und verkürzt dabei unsere Wahrnehmung, ohne dass wir dies unbedingt bemerken. Hinzu kommt noch das sog. Group-Think-Phänomen. Es bezeichnet einen Denkmodus in Teams, der dann auftritt, wenn einzelnen Teammitgliedern unbewusst der Konsens im Team wichtiger ist als die realistische Einschätzung der Situation. Ohne Ideen angemessen kritisch zu bewerten, einigt sich das Team auf eine konsensfähige Lösung. Querdenken wird missbilligt, um Konfliktsituationen zu vermeiden. Das mögliche Resultat: Eine Gruppe von klugen Menschen trifft eine dumme Entscheidung. Das geschieht auch in Management-Teams!

Um tragfähige Zukunftsbilder zu entwickeln, sind künftig kontroverse und kritische Diskussionen ebenso unerlässlich wie interdisziplinäre, interkulturelle, generationen- und genderübergreifende Perspektiven. Genauso wie man eigene etablierte Muster aufbrechen muss (Wie visionär denken Sie in die Zukunft? Oder orientiert sich Ihr Denken doch eher an Sorgen?), muss man in etablierten Management-Teams „Worst Case/Best Case"-Gedankenszenarien unterbrechen. Denn diese liefern mit hoher Wahrscheinlichkeit Antworten darauf, wie sich vorhersehbare Szenarien entwickeln. Und damit bewegt man sich weiterhin auf dem Weg der Hochrechnung des Status quo in die Zukunft, höchstens ausgerüstet mit ein paar neuen Ideen und Tools.

Wenn Sie sich an die in Kapitel 1 dargestellten Gruppenmuster erinnern, dann ist es kulturprägend, wenn Sie abweichende und kritische Meinungen bewusst zulassen. Oder sogar eigene Zweifel laut äußern. Sonst greift die pluralistische Ignoranz um sich und keiner traut sich, eine gegenteilige Position zu vertreten. Und dann geht Ihnen und Ihrem Team die Ihnen eigentlich mögliche kollektive Intelligenz schlichtweg verloren.

Was hat das nun mit der vielgerühmten Diversität zu tun? Es scheint die Annahme zu geben, dass sich allein durch die vielfältige Besetzung von Teams eine multidisziplinäre und kontroverse Diskussionskultur ergibt. Diese Annahme ist leider falsch. Diversität an sich schützt eben nicht vor den beschriebenen sozialpsychologischen Gruppenphänomenen. Vielmehr kommt es darauf an, bewusst unterschiedliche Perspektiven zuzulassen. Dazu brauchen CEOs, Management und Führungskräfte eine hohe Ambiguitätstoleranz. Der Begriff bezeichnet die Fähigkeit, mehrdeutige Situationen und widersprüchliche Handlungsweisen gut auszuhalten. Ambiguitätstolerante Menschen können Widersprüchlichkeiten, mehrdeutige Informationen oder kulturell bedingte Unterschiede, die schwer verständlich oder sogar auf den ersten Blick inakzeptabel erscheinen, wahrnehmen, ohne ablehnend und abwertend zu reagieren – eine Voraussetzung für effektive kontroverse und interdisziplinäre Dialoge.

Das eigene Management-Team vielfältig und interdisziplinär zusammenzustellen ist ein erster Schritt, um relevante neue Impulse zu erhalten. Ingenieure und Ingenieurinnen, Programmierer, Naturwissenschaftlerinnen und Wissenschaftler etc. bieten gänzlich andere Perspektiven auf die Zukunft. Forschungsergebnisse aus mehr als 20 Jahren bestätigen, dass durch heterogene Teams kreativere und innovativere Lösungen erarbeitet werden und dass solche Teams kompetenter in der Lösung komplexer Probleme sind. Das ist also auch keine wirklich neue Erkenntnis. Dass, empirisch betrachtet, in Deutschland Management-Teams überwiegend mit männlichen Weißen mittleren Alters besetzt sind, ist dennoch nach wie vor Realität. Es ist – zugegebenermaßen – auch deutlich einfacher, im Alltag mit „ähnlichen" Charakteren zusammenzuarbeiten als mit Menschen, deren Denken einem eher fern liegt.

Zwischen „alle gleich" und „alle unterschiedlich" gibt es, so der Forscher Freek Vermeulen, allerdings noch eine sinnvolle Mitte. Nämlich die, dass sich in der Unterschiedlichkeit gleiche oder ähnliche Untergruppen bilden können. Das verhindert, dass auch in völlig ungleich besetzten Teams wieder die pluralistische Ignoranz durchsetzt („Ich bin bestimmt allein mit meiner Meinung!") und keiner etwas Kritisches zu äußern wagt.

Miteinander zu diskutieren und zu streiten ist eine Herausforderung, ermöglicht aber eine aktive Gestaltung der Zukunft. Insofern ist es hilfreich, wenn Sie und Ihr Management-Team persönlich daran arbeiten, gut auszuhalten, dass jemand eine völlig andere Sicht auf die Zukunft hat als Sie. Das schult die für eine erfolgreiche Steuerung von Diversity benötigte Ambiguitätstoleranz!

Schaffen Sie in Ihrer Rolle einen sicheren Rahmen für Abweichler, damit diese sich trauen, ihre Meinung zu vertreten. Hören Sie zu und denken Sie mit – und ja nicht abschalten, auch wenn Ihr *innerer Wirt* Ihnen das nahelegt. Es könnte die eine, die wichtige, die zündende Idee sein.

Komplexität – auf die Bewertung kommt es an

Für jedes komplexe Problem gibt es eine einfache Lösung. Und die ist garantiert falsch.

Peter Gomez

Heutzutage ist alles komplex. Dieser schöne Begriff wird – nach seiner Wiederentdeckung – leider nicht nur in populären, sondern auch in Fachmedien inflationär eingesetzt. Schaut man sich die entsprechend benannten Phänomene jedoch genauer an, zeigt sich oft eine Art Pseudokomplexität, die schlicht auf einer Verkomplizierung von Sachverhalten beruht, ob nun gewollt oder durch mangelnde Fähigkeiten bzw. unsauberes Arbeiten entstanden. „Das entscheidende Merkmal von Komplexität ist es, dass es notwendig ist, eine Auswahl des Wichtigen zu Ungunsten des Unwichtigen zu treffen, gleichzeitig weiß man jedoch, dass das, was heute unwichtig ist, morgen schon wichtig sein kann. Was auch immer man auswählt, morgen schon muss man unter Umständen anders wählen", so Dirk Becker. Auch die Kybernetik lehrt uns, dass alles miteinander in Verbindung steht und wechselseitigen Einfluss aufeinander hat. Dadurch entsteht Komplexität.

Bereits im Jahre 2010 zeigte das Ergebnis einer CEO-Studie von IBM, dass Komplexität aus Sicht der CEOs die größte Herausforderung der Zukunft darstellt, und mehr als die Hälfte der 1.541 befragten CEOs bezweifelte, diese Komplexität beherrschen zu können. Und das war vor bereits neun Jahren!

Allerdings gilt: Die Welt ist nicht erst seit gestern komplex. Daher ist es nun wichtig, bisherige – gelungene – Formen des Arbeitens mit Komplexität (Stichworte „Hierarchie" und „Management") zu betrachten und neue, zur Zukunft passende Formen des Arbeitens (Stichworte „Team- und Selbstorganisation mit moderaten hierarchischen Strukturen" und „neue Management-Designs") zu etablieren. Dieser Weg erfordert ein funktionierendes Change Management und nicht nur eine kognitive Erkenntnis. Neben der benötigen Transformationsstrategie für das Unternehmen braucht es ebenso eine für das (Selbst-)Management von CEOs und Management, sich mutig im Ungewissen zu bewegen (und da sind sie wieder dabei, der *innere Wirt* und der gute Umgang mit eigenen Ambivalenzen).

Backhausen spricht von Managern zweiter Ordnung, die die Notwendigkeit erkannt haben, die eigenen Grundannahmen (gerade dann, wenn sie helfen, Komplexität zu reduzieren) und die Sicht auf die Dinge regelhaft zu hinterfragen. Aus seiner Sicht steigert sich die Komplexität sogar, wenn man nicht bereit ist, anzuerkennen, dass wir nicht mehr über sichere Strategien sprechen, sondern von wahrscheinlicheren Szenarien als anderen. Damit wird die unternehmerische Komponente neuer Strategiearbeit deutlich.

Die IBM-Studie fügt einen weiteren relevanten Ansatzpunkt zur Bewältigung von Komplexität hinzu: *„Um Komplexität zum Vorteil ihres Unternehmens einzusetzen, müssen CEOs Kreativität zur zentralen Fähigkeit entwickeln. Interessant ist, dass CEOs in einer erheblich komplexer werdenden Welt Kreativität als wichtigste Führungsqualität genannt haben. Kreative Führungskräfte heißen revolutionäre Innovationen willkommen, ermutigen andere, ausgetretene Pfade zu verlassen, und gehen kalkulierte Risiken ein. Sie sind offen und einfallsreich, wenn es* *um die Ausweitung ihres Führungs- und Kommunikationsstils geht (...).*" Tja, das hört sich wirklich bedeutend einfacher an, als es ist, denn der *innere Wirt* des/der CEO hat unter Umständen noch Druck und Stress und Unsicherheit zu bewältigen, eine neurobiologische Hemmnis für Kreativität und Innovation in Unternehmen.

Schwenker gibt klare Empfehlungen: Grenzen Sie als allererstes und sehr konsequent Pseudokomplexität von echter Komplexität ab und lösen Sie erstere auf. Das macht das Feld schon deutlich überschaubarer. In einem weiteren Schritt vermeiden Sie aktiv die „vermeidbaren Fehler", um sich auf die verbleibende Ungewissheit und Komplexität fokussieren zu können. Das bedeutet vor allem, mehr Qualität bei den Themen Strategie und Planung zu erreichen. Beide Themen müssen den Umgang mit Unsicherheit abbilden. Im Verweis auf die obigen Ausführungen zur Strategieentwicklung bedeutet dies, die Strategie adaptiv für das jeweilige Umfeld zu gestalten und dementsprechende Werkzeuge einzusetzen.

Soviel zum Thema Strategie in komplexer Umgebung. Schaut man nun auf die Steuerung und Veränderung von Unternehmen als komplexen Systemen, dann bringt es Gregory Bateson mit seinem etwas makabren Ausspruch auf den Punkt: *„Wenn man einen Stein, dessen Gewicht, Form und Größe bekannt sind, in einem bestimmten Winkel mit einer bestimmten Kraft tritt, dann kann man ziemlich genau vorhersagen, in welcher ballistischen Flugbahn der Stein fliegen und wo er landen wird. Wenn man jedoch einen Hund tritt, ist das anders."*

So simpel diese Erkenntnis ist, so wenig hat sie sich in den vergangenen 30 Jahren in der Steuerung von Unternehmen durchgesetzt. Die Fantasie, dass Menschen in Unternehmen wie „Maschinen mit etwas Führungsgarnitur" zu steuern sind, ist nach wie vor weit verbreitet (auch wenn das selten zugegeben wird). Ein einfacher Perspektivwechsel hilft ungemein dabei, die Grundbedingungen von Veränderung zu antizipieren: Wann sind Sie bereit, sich selbst zu verändern? Welche Sinnstruktur müsste man Ihnen anbieten, damit Sie sich von A nach

B entwickeln? Eine reine Anweisung wird wohl auch bei Ihnen selbst kaum ausreichen. Menschen sind Sinnwesen. Ohne ein valides *Wofür* bewegen wir uns nur, um potenziellen Gefahren zu begegnen.

Aktuell stehen sehr viele Manager vor der Herausforderung, ihre Unternehmen zumindest zu entbürokratisieren und agiler und wendiger aufzustellen. Folgt man darüber hinaus sogar der Annahme, dass komplexe Herausforderungen nur mit einer agilen Haltung wirksam bewältigt werden können, ist eine wendige, agile Organisation kein Nice-to-have, sondern ein Wettbewerbsfaktor.

Der Psychologe Douglas McGregor hat in seinen Untersuchungen am Massachusetts Institute of Technology bereits 1960 den Zusammenhang zwischen dem eigenen verinnerlichten Menschenbild und der Qualität der Zusammenarbeit formuliert. Er unterschied zwei Menschenbilder und fasste diese unter Theorie X und Theorie Y zusammen. Nach Theorie X denkende Personen gehen davon aus, dass man Menschen extrinsisch belohnen muss, da sie ohne äußere Anreize keine Motivation haben. Führung muss hier als Input-Geber und Kontrolleur agieren. Nach der Theorie Y denkende Personen gehen dagegen von einer intrinsischen Motivation des Menschen aus. Sie wollen selber etwas erreichen. Führung bietet hier nur den optimalen Handlungsrahmen.

Der Glaube an Selbstorganisation und an die Wirksamkeit agiler Methoden basiert auf dem Menschenbild der Theorie Y. Wenn ich Menschen allerdings für nicht eigenmotiviert halte (Theorie X), dann werden sich auch in die agilen Methoden – zunächst unbemerkt – jede Menge Kontrollmechanismen einschleichen, um wieder in der Anweisungs-Kontroll-Logik agieren zu können. Das können wir aktuell an vielen Orten in Unternehmen beobachten. Kontrolle sucht sich ihren Weg, auch in agilen Modellen, wenn das Kontrollbedürfnis an sich nicht reflektiert und deutlich reduziert wird. Parallel fehlt laut einer repräsentativen Studie von Etventure Großunternehmen in Deutschland zunehmend das Vertrauen in die eigenen Mitarbeiter. Während vor zwei Jahren noch nahezu jedes zweite

Großunternehmen seine Mitarbeiter für ausreichend qualifiziert hielt, die Digitalisierung voranzutreiben, war es in diesem Jahr nur noch gut ein Viertel. Und wer nicht vertraut, kontrolliert. Neben neuen Arbeits- und Führungsmethoden braucht es daher eine konsequente Aufqualifizierung der Mitarbeiter, damit Führungskräfte auch (fachliche) Freiräume geben können.

Die Annahme, dass allein die Wegnahme von Direktion und Kontrolle zu intrinsisch gesteuerter Agilität führt, ist allerdings ebenfalls ein Trugschluss. Denn viele Menschen haben ein Verhalten gelernt, das der Theorie X entspricht. Das hatte bereits McGregor beobachtet und beschrieben. Hier geht es um ein „Umlernen". Und das wiederum braucht ein *Wofür*.

Auch neuere Studien belegen, dass das *Wofür* (Möglichkeit der Bildung einer intrinsischen Motivation) einen maßgeblichen Einfluss auf die Qualität unseres Arbeitens hat, so u. a. eine Studie der Harvard-Wissenschaftler Ryan W. Buell et al., die bestätigt, dass die Beantwortung der Frage nach dem *Warum* signifikante Auswirkungen auf die eigene Motivation, das Engagement und die Qualität des Arbeitsergebnisses hat.

Versucht man die wichtigsten Faktoren für die Steuerung von Unternehmen als komplexe Systeme auf einen Punkt zu bringen, dann geht es im Ergebnis um Vertrauen. In sich, in die eigene Überzeugungskraft und in andere Menschen, deren fachliche Kompetenzen und Selbstorganisationskraft und in das *Wofür*.

Wenn Sie für sich reflektieren, welcher Theorie Sie folgen, dann ist das Ergebnis sehr entscheidend für Ihre Haltung gegenüber Agilität und Selbstorganisation. Der Unterschied zwischen Menschen, die agile Methoden anwenden, und agilen Menschen liegt in der Innovationskraft der Ergebnisse. Je nach Mindset fördern Sie die Entwicklung menschlicher Agilität – und das geht weit über die Einführung agiler Methoden hinaus.

Bereitschaft, Entscheidungen jederzeit zu revidieren

Umgang mit komplexen Systemen erfordert eine nie endende Bereitschaft, einmal getroffene Entscheidungen zu überprüfen und anzupassen.

Nancy Cartwright

Zwei Faktoren für die Steuerung von Komplexität haben wir uns jetzt angeschaut: die Verarbeitung von Komplexität in der Strategiearbeit sowie die Haltung gegenüber Komplexität in Unternehmen als sozialen Systemen.

Widmen wir uns nun den eigenen inneren Bewertungsmechanismen im Umgang mit Komplexität. Letztendlich ist es Ihre eigene Haltung gegenüber dem Phänomen Komplexität, die den Umgang damit in Ihrem Unternehmen prägt. Und diese Haltung ist geprägt von inneren Bewertungsmustern (bewussten wie unbewussten).

Die von Sandra Mitchell aufgestellten Imperative zur Umschreibung des Phänomens Komplexität sind pragmatisch und helfen, diesen Begriff „greifbarer" zu machen:

— *Pluralismus: die Integration zahlreicher Erklärungsmodelle auf vielen Ebenen anstelle der Erwartung, es müsse stets eine einfache, einzige, grundsätzliche Erklärung geben.*
— *Pragmatismus: die Einsicht, dass es viele Wege zu einer zutreffenden, wenn auch ausschnitthaften Darstellung der Natur gibt,*

zu der verschiedene Grade der Verallgemeinerung und
unterschiedliche Abstraktionsebenen gehören.
— *Dynamik: anstelle eines statischen Universalismus die*
Erkenntnis, dass sich Wissen immer weiterentwickelt.

Erwartung, Einsicht und Erkenntnis. Es wird deutlich, dass der Umgang mit Komplexität, neben der intellektuellen Beanspruchung, einer Art „innerer Steuerung" bedarf, die deutlich über den rein kognitiven Zugang hinausgeht. Und dafür braucht es Emotionen. Kaum jemand weiß allerdings, dass wir ohne Gefühle de facto nicht fähig sind, zu entscheiden. 1982 behandelte der portugiesische Neurologe Antonio Damasio einen Patienten, dem operativ ein Hirnturmor entfernt worden war. Folge dieses Eingriffs war, dass dieser Mann nichts mehr entscheiden konnte. Damasio stellte fest, dass Menschen, denen bei einer Hirn-OP der Teil des Gehirns entfernt werden musste, der für Emotionen zuständig ist, nicht mehr entscheidungsfähig waren. Emotionen sind also primäre Entscheidungskatalysatoren. Für den Prozess der Entscheidungsfindung sind sie ebenso bedeutend wie Erfahrung und Wissen.

Übersetzt man die Imperative von Sandra Mitchell auf die Handlungsebene, bedeutet es, dass getroffene Entscheidungen emotional und kognitiv zu reflektieren sind und die Bereitschaft besteht, Entscheidungen auch zu revidieren und wieder neu anzusetzen – weil getroffene Entscheidungen in komplexen Umgebungen eben nicht die einzige „Wahrheit" darstellen.

Menschen neigen im Alltag allerdings oft unbewusst zu linear-kausalem Denken (A verursacht B), nicht zuletzt deshalb, weil unser Gehirn extrem gut darin ist, Komplexität zu reduzieren (Stichwort *„Unser Gehirn sortiert aus"*). Eine der zentralen Herausforderungen rund um das Thema Komplexität besteht daher in der bewussten und reflektierenden Abkehr von der Idee der linearen Kausalität. Sonst steuert der *innere Wirt* uns nämlich gnadenlos wieder in bekannte Fahrwasser (A verursacht B). Das bewusste Umdenken ist häufig eine Herausforderung, wie wir noch sehen werden. Es ist aber unerlässlich, um einen guten Umgang mit Komplexität zu finden.

Klären Sie für sich die Frage, inwieweit Ihre innere Steuerung bereits auf die oben genannten Imperative eingestellt ist und an welchen Stellen Ihnen bereits ein pragmatischer Umgang mit Komplexität gelingt. An den Stellen, wo Sie noch in klassischen Mustern agieren: Reflektieren Sie die eigenen Muster ebenso wie die dahinterliegenden Bedürfnisse und entwickeln Sie neue eigene Zielvorstellungen. Denn im Zweifel diktiert Ihnen Ihr *innerer Wirt* das Festhalten an Bewährtem, weil er für Sicherheit und Kontrolle sorgen möchte. Daher ist es unerlässlich, dass Sie sich kritisch reflektieren und neue eigene Zielvorstellungen entwickeln, wie Sie künftig in komplexen und unsicheren Umgebungen agieren wollen. Und: Wie oft sind Sie bereit, bereits getroffene Entscheidungen zu revidieren? Über einen Zeitraum von mindestens drei Monaten sind Ihre gesetzten Zielvorstellungen im Hinblick auf ihre wirksame Umsetzung im Alltag durch Sie selbst zu überprüfen. Stichwort: Veränderung entsteht durch Unterschiedsbildung!

Wie sieht es denn aktuell in der Unternehmenslandschaft aus mit der Bereitschaft, Entscheidungen zu revidieren? Stures Festhalten an Anpassungen und Lösungen, die irgendwann einmal gut funktioniert haben, führt womöglich direkt ins selbstgemachte Unglück ... So kann man Paul Watzlawicks sehr empfehlenswerte Geschichte vom verlorenen Schuh in seinem Buch „Anleitung zum Unglücklichsein" interpretieren. Und recht hat er, denn leider ist dieses Festhalten nach wie vor der Regelfall – das ist empirisch belegt, und zwar u. a. durch die Forschungen von Chris Zook und James Allen, und gilt auch für Entwicklungen nach und sogar bis hin zum sog. Stall-out (einer vorhersehbar schweren Krise). Nehmen wir HMV erneut als Beispiel. HMV hatte Ende der 1990er-Jahre als Musik-Einzelhandelskette die Weltspitze erreicht. Mit mehr als 320 Geschäften wurde HMV im Jahr 2002 an der Börse mit etwa 1 Mrd. Dollar bewertet. Zweifel von Analysten, aber auch intern Beschäftigten sowie einer externen Werbeagentur, ob diese Entwicklung langfristig stabil sei, wurden nicht ernst genommen, und das Topmanagement von HMV hielt an der bisherigen Wachstumsstrategie für lokale Stores fest, obwohl sich abzuzeichnen begann, dass das Streamen von Musik die zukünftige Entwicklung am Markt prägen würde. Steve

Knot, der damalige Managing Director, unterschätzte die zunehmenden Streaming-Angebote dramatisch: „Musik zum Herunterladen ist nur eine Modeerscheinung."

Als HMV 2010 dann doch den ersten digitalen Musikladen eröffnete, kam der Strategiewechsel zu spät, und zu Beginn des Jahres 2013 musste das Unternehmen Konkurs anmelden.

Die Grundfrage, warum Menschen oft unbeabsichtigt Dinge wiederholen oder irrational an ihnen festhalten, wurde bereits in den ersten Kapiteln erklärt. Unser Erfahrungsgedächtnis sichert ab, dass wir alles, was wir tun, möglichst im Einklang mit unserer Erfahrung tun. Und fatalerweise vermitteln Wiederholungen ein Gefühl von Sicherheit und stoßen die Ausschüttung von Opioiden im Gehirn an – man ahnt, wie sehr sich neue Verhaltensweisen erst einmal gegen diese „Hausmacht mit Wettbewerbsvorteil" durchsetzen müssen.

Die Liste vormals erfolgreicher Unternehmen, die trotz deutlicher Warnhinweise nicht umsteuerten und in der Folge untergingen, ist mittlerweile lang. In all diesen Fällen kam es – in unterschiedlicher Mischung – zu den in Kapitel 1 beschriebenen Phänomenen pluralistischer Ignoranz, eskalierenden Commitments und überhöhter persönlicher Identifikation, wodurch ein rechtzeitiges Umsteuern verhindert wurde.

Ein weiteres prägnantes Beispiel dafür, bei welchen Entwicklungen Menschen im Unternehmenskontext an Altem festhalten, obwohl sie es auf der kognitiven Ebene „besser wissen", sind Veränderungsprozesse. Dort wird seit Jahr und Tag auf den kritischen Zusammenhang zwischen betriebswirtschaftlich linear geplantem Jahresergebnis und der niemals linear verlaufenden Veränderungskurve in Change-Prozessen hingewiesen. Und dass es daher unbedingt Budgets für Opportunitätskosten braucht. Das naturgemäße Auseinanderdriften von nicht linear verlaufenden Veränderungen und linear geplanten betriebswirtschaftlichen Effekten erzeugt einen Druck auf Managementebene, der mangels eines Zusatzbudgets nicht abgefangen werden kann. Die Folge: Veränderungsinitiativen werden zugunsten von betriebswirtschaftlichen Ergebnis-Sicherungsmaßnahmen letztendlich doch zurückgestellt. Obwohl diese Verläufe regelmäßig eintreten und Change-Experten nicht müde werden, darauf hinzuweisen, wird dann wieder mehr desselben produziert, indem weiterhin linear geplant, Monitoring und Controlling eingesetzt wird. Wir finden das erstaunlich. Sie nicht?

Diesen fatalen Abläufen liegt nach wie vor das fundamentale Missverständnis zugrunde, dass Change linear steuerbar und damit planbar sein könnte. Dabei sprechen wir hier über die Veränderung höchst komplexer sozialer Systeme!

Unsere Vermutung: Öffnet sich das Management für die Tatsache, dass Menschen für Veränderung eine Sinnstruktur brauchen und echte Begeisterung dafür der Motor ist, verändern sich der Auftrag und damit die Change-Prozessstruktur dramatisch. Es entstehen Nähe, Dialog und kritische Auseinandersetzung. Die Kehrseite: Das bedeutet für das Management, dass es nicht mehr „einfach machen" kann. Und diese (zumindest unbewusst) befürchtete Einschränkung wird vermieden, so unsere Erklärung für das Festhalten an mechanistischen Veränderungsvorstellungen, obwohl die Empirie nachweislich und wiederholt die Erfolglosigkeit dieses Vorgehens dargelegt hat.

Nochmals im Schnelldurchgang: Mehr des Gleichen produziert nur immer mehr gleiche Ergebnisse. Veränderung basiert auf Unterschiedsbildung. Um Unterschiede zu bilden, müssen unbewusste Verhaltenswiederholungen bewusst reflektiert und im Hinblick darauf, ob sie hilfreich für die angestrebte Veränderung sind, geprüft werden. Wenn sie nicht hilfreich sind, braucht es eine bewusst angestrebte Veränderung.

Für die CEO-Rolle, insbesondere im Hinblick auf die Herausforderungen der digital-kulturellen Transformation, sollten Sie reflektieren, welche sich wiederholenden Impulse Sie in die Organisation setzen, die im Ergebnis zu unerwünschten Effekten führen. An welchen Stellen wiederholen Sie bestimmte Vorgehensweisen, obwohl das Ergebnis nicht Ihren Vorstellungen entspricht? Neben der Steuerung aus Ihrer Rolle heraus stellt sich für Sie die Frage, welche Instrumente Ihnen und Ihrem Team zur Verfügung stehen, um Flexibilität und situative Steuerung zu ermöglichen und damit auch fachlich-methodisch Unterschiede herzustellen.

Der Kunde als Haltegriff im Ungewissen

In diesem Jahrhundert muss sich die Management-disziplin zwei dickere Brocken vornehmen: Unsicherheit und Zweifel. [...] Sie verschieben die Grenzen des Managements, wie wir es kennen.

Nitin Nohria und Thomas A. Stewart

Sinn und Zweck von Management ist u. a., Kontrolle zu ermöglichen und Vorhersehbarkeit zu steigern. Nun werden diese Managementzwecke ergänzt durch die Aufgabe, im Unternehmen einen kompetenten Umgang mit Unsicherheit zu etablieren, um trotz unsicherer Rahmenbedingungen gute Entscheidungen für die Zukunft treffen zu können.

Strategiearbeit konfrontiert CEOs und ihre Managementteams bereits, vor allem unter geopolitischer Perspektive, mit deutlich mehr uneindeutigen und volatilen Informationslagen als bislang. Da sich auch die Bedürfnisse der Kunden im Zuge der digitalen Transformation in teils unvorhersehbarer Weise verändern, reicht es auch hier nicht mehr aus, mit bislang sehr erfolgreichen Geschäftsmodellen zu arbeiten, die bisherige Bedürfnisse der Kunden erfolgreich befriedigt haben.

Beispiele hierfür finden sich – leider – zuhauf. Als 2007 das erste iPhone auf den Markt kam, gab sich Nokia mit einem Verweis auf das eigene erfolgreich etablierte Geschäftsmodell noch sehr gelassen. Der Ausgang ist bekannt.

Kodak hatte das erste Patent auf eine digitale Kamera erhalten und ist dennoch Geschichte. Die Weiterentwicklung wurde seitens der damaligen Chefetage mit dem Hinweis unterbunden, dass man damit ja sein eigenes Geschäftsmodell konterkariere.

Ähnlich fühlten sich wohl deutsche Autobauer, die in ihrer Marktüberlegenheit nur deswegen nicht von der rasanten Entwicklung bei Tesla buchstäblich überrollt wurden, weil sich dort Produktionsschwierigkeiten ergaben. Getrieben von diversen Mobilitätsentwicklungen haben sich nun auch die deutschen Autobauer auf den Weg gemacht. Mercedes hat einen stringenten Strategiewechsel vom klassischen Autobauer hin zu einem Anbieter integrierter Mobilitätsentwicklungen eingeläutet. Um im Wettbewerb zu bestehen, wird sogar mit Erzkonkurrent BMW kooperiert. First Mover geht allerdings anders.

Doch wie steuert man ein Unternehmen auf Basis widersprüchlicher Informationen und ungewisser Verläufe? Die Antwort liegt all diesen Beispielen zugrunde: Der Kunde und seine künftigen Bedürfnisse bilden die maßgebliche Perspektive für die Planung und Steuerung von Unternehmen in ungewissen Umgebungen.

Viele Berater und Trainer haben in den vergangenen 10 bis 15 Jahren viel Geld damit verdient, Kundenorientierung als einen maßgeblichen Wert in den Unternehmen zu etablieren. Ob damit die Orientierung an künftigen Bedürfnissen des Kunden gemeint war, ist allerdings fraglich. Es ging wohl mehr darum, den Kunden bei all der Konzentration auf das Innere nicht völlig aus den Augen zu verlieren – mit einem stabilen und erfolgreichen Geschäftsmodell ist die Abhängigkeit vom Kunden nämlich nur noch mittelbar erlebbar. Genau an dieser Stelle treffen diverse (und mittlerweile auch etablierte) Startups ihre Konkurrenz bis ins Mark: Sie haben ihr Geschäftsmodell ausschließlich um die künftigen Bedürfnisse ihrer Kunden herum entwickelt und den Bedarf damit teilweise überhaupt erst geschaffen. Sie sind mit dieser Haltung schon in der Zukunft angekommen, müssen nun aber ebenso wie etablierte Unternehmen weiterhin innovativ bleiben. Wenn sie weiterhin den Schwerpunkt nur auf die Etablierung ihres neuen Produktes setzen, droht ihnen ebenso die Gefahr, von künftigen Entwicklungen überholt zu werden.

Die Forschungen von Chris Zook und James Allen haben ergeben, dass ein Stall-out (vorhersehbar eintretende schwere Krise eines Unternehmens) selten deswegen eintritt, weil das Geschäftsmodell mit einem Schlag hinfällig geworden wäre. In den untersuchten Fällen zeigt sich vielmehr, dass die Unternehmen zu komplex und zu bürokratisch geworden waren. „Wir haben den Kontakt zu den Kunden verloren", lautet die Kernaussage vieler befragter Manager und Führungskräfte. Die internen Hindernisse und Funktionsstörungen würden die weit größere Herausforderung darstellen als die neuen Fähigkeiten der Konkurrenten. Da hat es ein Startup ohne bürokratischem Ballast naturgemäß leichter, sich auf den Kunden zu konzentrieren.

Zook und Allen haben drei relevante Kernüberzeugungen von etablierten und dauerhaft erfolgreichen Unternehmen ermittelt, die auch in einem wenig berechenbaren und formbaren Wettbewerbsumfeld gut positioniert sind: Diese Unternehmen sehen sich als Kämpfer für ihre Kunden („Business-Rebellen"). Sie sind zweitens davon besessen, den Kontakt zwischen den Kunden und ihrem Unternehmen stetig zu verbessern, und drittens pflegen sie eine Einstellung, die der Verantwortung für den Ressourceneinsatz sowie langfristigen Zielen eine hohe Bedeutung beimisst. Hört sich nach Gründergeist an. Demzufolge sprechen Zook und Allen solchen Unternehmen – obwohl bereits seit Langem etabliert – die Mentalität von Gründern zu. Die Aktienrenditen der vergangenen 20 Jahre waren ihren Forschungen zufolge in Unternehmen mit Gründermentalität dreimal höher als in anderen Unternehmen.

Wenn etablierte Unternehmen nun konsequent den Kunden in den Mittelpunkt stellen (typischerweise in von Eigentümern geführten Unternehmen oder eben in jenen mit Gründermentalität vorzufinden), dann folgt daraus logischerweise eine Abkehr von der Planungs- und Kostenfokussierung als bislang maßgeblicher Einflussgröße in der Unternehmenssteuerung. Vielmehr sind Unternehmen künftig mit Fokus sowohl auf den Kunden als auch auf Innovationen zu planen und zu steuern. Das führt naturgemäß zu einer Art Sicherheitsverlust in der Steuerung. Denn die Fokussierung auf Planung und Kosten hat den immensen Vorteil, dass Kosten sich relativ präzise planen lassen, wodurch ein Gefühl von Sicherheit, Kontrolle und Selbstwirksamkeit entsteht. Das geht so weit, dass in manchen Unternehmen sogar Planung mit Strategie verwechselt wird und Korrekturen weniger im Bereich des Geschäftsmodells als vielmehr auf der Kostenseite durchgeführt werden. In Zukunft müssen jedoch Kundenbedürfnisse und Innovationen die relevanten Planungsparameter sein.

Die derzeitige Kapitalsituation lädt nachgerade dazu ein, in Produkt- und technologische Innovationen sowie neue Geschäftsfelder zu investieren. Interessanterweise lässt sich aber eher ein konservatives Investitionsverhalten beobachten. Michael Mankins von Bain & Company in den USA und seine Kollegen führen dies darauf zurück, dass viele der heutigen Unternehmensentscheider ihren Beruf in einer Ära erlernt haben, in der das Kapital knapp und teuer war und Investitionen nur mit einer hohen Mindestrendite freigegeben wurden. In einer Untersuchung von Iwan Meier und Vefa Tarhan wurde ermittelt, dass zu viele Unternehmen – gemessen an den tatsächlichen Kapitalkosten – immer noch hohe Mindestrenditen für Innovationen ansetzen, wobei sich die Untersuchungen nicht auf Unternehmen im Shareholder-Umfeld beschränkten. Diese Zögerlichkeit führt dementsprechend dazu, dass viele Investitionsprojekte, die unterhalb einer bestimmten Grenze liegen, abgelehnt wurden und werden, obwohl sie kapitalseitig gut zu finanzieren wären. Der sich daraus ergebende Wettbewerbsnachteil gegenüber einer investitionsintensiven Startup-Szene liegt auf der Hand.

Hier haben wir eine weitere relevante mutige Veränderung, die von heutigen CEOs (und den dahinter stehenden Shareholdern!)

gefordert wird: Anpassung der Innovations- und Investitions-
strategie an die realen Kapitalkosten. Mit der Folge, dass sich
die Prognoseunsicherheit erhöht, gleichermaßen aber auch der
Innovationsgrad. Und das kommt unmittelbar den Bedürfnissen
der Kunden zugute.

Um es mit der kanadischen Eishockey-Legende Wayne Gretzky
zu sagen: „I skate to where the puck is going to be, not where
it has been." Der künftige Bedarf des Kunden ist handlungsleitend für Unternehmen, die dauerhaft erfolgreich sein wollen.
Um diesen herum sind die Innovationen zu entwickeln. Das
bedeutet praktisch: mehr Unternehmertum. Und das ist deutlich zu unterscheiden von den vielen „Unternehmer im Unternehmen"-Initiativen, in denen Führungskräfte zu Unternehmern gemacht werden sollen – bei allerdings gleichbleibend
kleinen Entscheidungsspielräumen. Wir sprechen auch von
Ihnen in Ihrer CEO-Rolle, sozusagen als unternehmerischer
Speerspitze des Unternehmens.

Planungssicherheit in unsicheren Zeiten

Planning is the kiss of death of entrepreneurship.

Peter Drucker

Wir haben in den vorherigen Kapiteln dargestellt, warum und
wofür es im Umgang mit Unsicherheit mehr Unternehmertum
braucht und weniger ein auf festgesteckte Ziele verdichtendes

Management, das Vorhersehbarkeit absichern soll. Genau hier, in der Absicherung von Kontrolle und Vorhersehbarkeit, haben klassische Planungs- und Controlling-Methoden eine herausragende Funktion. Das in jedem Menschen (auch in CEOs, Aufsichtsräten, Shareholdern etc.) verankerte Grundbedürfnis nach Sicherheit, Kontrolle und Vorhersehbarkeit wird seit Jahrzehnten über diese Instrumente befriedigt. Ein akribisches Controlling der wiederum akribisch ausgearbeiteten Zahlenkolonnen suggeriert allerdings nur Stabilität. Bei Abweichungen wird eher auf der Kostenseite korrigiert (sodass das ursprüngliche Soll erreicht wird), als dass es eine kritische Auseinandersetzung mit dem Geschäftsmodell gäbe. Zugegeben, dies ist etwas holzschnittartig dargestellt. Backhausen nennt das ein Management 1. Ordnung: Strategien auf der Basis von gesicherten Annahmen festlegen und Abweichungen eliminieren, um das Erreichen des Ziels abzusichern.

Die bislang „sicheren" Annahmen fußen auf der Verwendung klassischer Management-Tools. Diese greifen weiterhin in den Bereichen, in denen es auch künftig eine aus Erfahrungen abgeleitete Vorhersehbarkeit gibt. In den nicht oder wenig vorhersehbaren Bereichen sind, wie wir schon dargestellt haben, Annahmen zu den künftigen Bedürfnissen des Kunden zu ermitteln. Antizipation und Innovation sind dafür ebenso erforderlich wie agile Reaktionsprozesse. Die klassischen Planungs- und Controlling-Instrumente finden hier ihre Grenze. Sie befördern eher den bereits dargestellten „Sunk Cost Trap"-Mechanismus, der besagt, dass Menschen Investitionen überwiegend rückwärtsgerichtet beurteilen: Je mehr Geld und Arbeit man in eine Entscheidung investiert hat, desto mehr tendiert man dazu, an ihr festzuhalten – auch wenn es die falsche Entscheidung war. Man achtet gar nicht mehr auf den aktuellen Status, geschweige denn die zukünftige Entwicklung. Stattdessen denkt man nur an die bereits getätigten Investitionen und den Aufwand, der schon in das Projekt investiert wurde, hält umso eiserner daran fest – und das Eingeständnis, dass die erhoffte Wirksamkeit der Maßnahme nicht eintritt, kommt häufig zu spät. Und dabei geht auch Investitionspotenzial in anderen Bereichen verloren. Laut einer Studie von McKinsey erreichten Unternehmen, die aktiv Investitionen zwischen ihren unterschiedlichen Bereichen umverteilten, eine im Durchschnitt um 30 % höhere Rendite als Unternehmen, die dies nicht getan hatten.

Das bedeutet, dass sich auch im Bereich von Planung und Controlling eine Art dualer Steuerung entwickeln muss. Diese muss konsequenterweise dem jeweils gewählten Strategiestil entsprechen. Befindet sich das Unternehmen in einem berechenbaren und wenig formbaren Marktumfeld, ist man mit der klassischen Strategiearbeit ebenso gut bedient wie mit klassischen Planungs- und Controlling-Tools. Je unberechenbarer und formbarer aber das Marktumfeld, umso ungeeigneter sind klassische Strategieinstrumente (s. unsere Ausführungen zu Beginn des Kapitels). Vielmehr braucht es hochadaptive und in Teilen visionäre Strategieansätze, die wiederum entsprechend agile Planungs- und Controlling-Tools benötigen. Und diese müssen naturgemäß einen anderen Fokus haben, um situativ agieren zu können: die Wirksamkeit. Und diese kann man nur sehr mittelbar an Zahlen ablesen (weil über Kostenkorrekturen Schwächen der Geschäftsmodelle verdeckt werden können). Um die Wirksamkeit des Geschäftsmodells unmittelbar zu messen, braucht es das direkte Feedback des Kunden.

Die Modekette Zara z. B. setzt auf eine adaptive Strategie, die eng mit dem operativen Vor-Ort-Geschäft verzahnt ist. Sie startet unterschiedliche Trend-Initiativen in einem überschaubaren Rahmen und ist durch den engen Kontakt mit den Händlern vor Ort unmittelbar in das Kundenfeedback eingebunden. Gefällt den Kunden eine Idee, so wird die Produktion hochgefahren, gefällt sie ihnen nicht, werden die entsprechenden Produkte als Ausschussware in Sonderaktionen verkauft. Da die Initiativmenge an sich nicht groß ist, liegt Zara mit 15 % verbilligtem Bestandsverkauf weit unter den branchenüblichen Prozenten von bis zu 50 %. Hier steuert der Kunde über sein direktes Kaufverhalten die Produktionslinien. Mit anderen Worten: Die Wirksamkeit der jeweiligen Trendinitiative beim Kunden bestimmt, ob weiter in diese Produktlinie investiert wird – oder eben nicht. Diese Entscheidung wird nicht über Planung und Controlling getroffen.

Es braucht daher neue Planungs- und Controlling-Tools für die innovativen, agilen und nicht stringent planbaren Prozesse. Diese neuen Ansätze müssen in einer dualen Logik parallel zu den klassischen Instrumenten funktionieren, auf die man auch weiterhin nicht völlig verzichten kann (auch Zara hat einen Planungs- und Controlling-Prozess, in dem aber eben nicht primär die Businessentscheidungen getroffen werden). Darüber hinaus müssen sie die menschlichen Sicherheits- und Kontrollbedürfnisse in der Steuerung von komplexen Umgebungen befriedigen.

Ein Tool zur dualen Steuerung von kausalen Logiken und der Steuerung von Ungewissheit findet sich im Effectuation-Ansatz von Saras Sarasvathy, Professorin an der Darden School of Business. Sarasvathy untersuchte im Rahmen ihrer Promotion mittels eines Gedankenexperiments mit 30 sehr erfahrenen Unternehmern deren Denken, Entscheiden und Handeln unter der Perspektive der darin liegenden Expertise. Die erste Analyse der Denkprotokolle ergab Erstaunliches: Die erfahrenen Unternehmer lehnten – entgegen dem vorherrschenden Management-Trend – Marktforschung zum überwiegenden Teil ab. Henry Ford hätte ihnen mit seinem Zitat „Wenn ich die Menschen gefragt hätte, was sie wollen, hätten sie gesagt, schnellere Pferde!" mit Sicherheit aus vollem Herzen zugestimmt. In einem zweiten Schritt fand Sarasvathy vier handlungsleitende Prinzipien, die die erfahrenen Unternehmer anstelle von Prognosen und Planung anwandten und die in einem iterativen Prozess miteinander verbunden sind. Hieraus leitet sie auch die Benennung des von ihr etablierten Ansatzes mit „Effectuation" (engl.: „etwas bewirken") ab und beschreibt den Kern unternehmerischer Expertise als Handlung unter Verzicht auf Vorhersagen bei gleichzeitigem inhaltlichem Bewirken.

Der Effectuation-Ansatz ist keine substituierende, sondern eine ergänzende Methodik: je größer die Ungewissheit, umso kontextadäquater die Nutzung des Effectuation-Ansatzes. Je größer hingegen die fachlich-inhaltliche Informationstiefe und Vorhersehbarkeit ist, umso mehr findet die Logik kausalen Denkens Anwendung und damit eine der etablierten Managementinstrumente.

Ein vertiefender Vergleich der beiden Logiken zeigt Folgendes:
Bewährte Konzepte zur Auseinandersetzung mit den Kundenbedürfnissen folgen einer kausalen Logik und ermöglichen eine
differenzierte Auseinandersetzung mit der relevanten Umwelt
eines Unternehmens. Dementsprechend durchläuft jedes (innovative) Verfahren die jeweils passenden Konzeptansätze. Die Ergebnisse führen (oder auch nicht) zu einem vorhersehbaren erwarteten Ertrag, der dann als Zielstellung verabschiedet wird.
Im Rahmen der hohen Zielorientierung werden alle verfügbaren
Mittel auf die Erreichung dieser neuen Zielstellung ausgerichtet.
Unter Risikomanagement-Perspektive werden denkbare Abweichungen und Irritationen antizipiert und möglichst eliminiert.
Kooperationen mit den richtigen internen und externen Partnern werden ebenfalls aus der Zielstellung heraus abgeleitet.
Diese Vorgänge könnte man als Verdichtung aller verfügbaren
materiellen und immateriellen Mittel im Hinblick auf die Zielerreichung beschreiben. Diese Verdichtung führt unter neurobiologischer Perspektive zu einer Aufmerksamkeitsfokussierung und in der Folge zu einer Wahrnehmungsverengung. Es
entsteht ein Tunnelblick, und sowohl Ablenkungen als auch
Chancen und Risiken in der Peripherie werden weitestgehend
ausgeblendet und kaum mehr wahrgenommen, da das festge-
setzte Ziel allein als Grundlage sinnvollen Handelns dient. Es
entsteht ein Gefühl von Sicherheit und „sicheren" Annahmen.
Allerdings: Dieses Vorgehen schließt auch mit großer Wahrscheinlichkeit „zufällige Innovationen" aus.

Effectuation ist diametral dazu aufgebaut und stellt die Mittelorientierung in den Vordergrund. Aus den verfügbaren Mitteln
wird abgeleitet, welche Ergebnisse damit erzielt werden können.
Die Ziele und Möglichkeiten verändern sich dementsprechend
abhängig von den verfügbaren Mitteln, die die Eingrenzung für
wählbare Ziele darstellen. Die unter Ermittlung der zur Verfügung stehenden Mittel entwickelten Zielstellungen können
durchaus zueinander in Widerspruch stehen, zumindest bis zu
dem Zeitpunkt, an dem sich klare Inhaltspunkte ergeben, die
zu einer sich verdichtenden Entscheidung führen. Michael
Faschingbauer, der Unternehmen zum Effectuation-Ansatz
berät, betont, dass Mittelorientierung weder ziellos, wahllos,

beliebig, vage noch aktionistisch ist. Vielmehr hat Mittelorientierung klare Strukturen und Merkmale und ist aus seiner Sicht eine für „Reisen ins Ungewisse" wesentlich rationalere Haltung – obwohl die relevanten Entscheidungsparameter unklar sind – als die Fixierung auf ein einziges klares Ziel, von dem nicht klar ist, ob es übermorgen so noch besteht.

Es ist dementsprechend wichtig, sich nach neuen Steuerungsparametern umzusehen und nicht mehr alles „auf eine Karte" zu setzen, wenn anstehenden Entscheidungen unklare Parameter zugrunde liegen und nicht erfahrungsbasiert gelöst werden können. Effectuation kann als unternehmerische Entscheidungslogik in Situationen der Ungewissheit eingesetzt werden, da sie eben nicht auf vergangenheitsbezogenen Daten und darauf gründenden Vorhersagen für die Zukunft basiert. Effectuation kann insbesondere bei der Entwicklung neuer Geschäftsmodelle, die auf die künftigen Bedürfnisse von Kunden fokussieren, eingesetzt werden, da in diesen Fällen in der Regel belastbare Prognosen aufgrund hoher Unsicherheit fehlen.

Ein wesentlicher Bestandteil des Effectuation-Ansatzes liegt im Prinzip des „leistbaren Verlusts". Dieses Prinzip lässt sich auch wieder gut verdeutlichen, wenn man es dem klassischen Managementansatz gegenüberstellt: Die vorgenannten Management-Tools prognostizieren zu erwartende Erträge. Bevor gehandelt wird, wird also ermittelt, wie der zu erwartende Nutzen ist, und nur wenn dieser Nutzen groß genug ist, werden alle verfügbaren Ressourcen darauf ausgerichtet, dieses Ziel zu erreichen. Der klassische Business Case. Auf dem Weg zur Zielerreichung wird Controlling und Monitoring durchgeführt – und dabei werden alle störenden Einflüsse idealerweise abgeschirmt und eliminiert.

    Das Prinzip des leistbaren Verlusts geht eben nicht von einer per Managementmethodik ermittelten Ertragsprognose aus, sondern orientiert sich an dem subjektiv leistbaren Einsatz von Mitteln. Riskiert wird also nur, was man auch zu verlieren bereit ist. In dem Beispiel der Modekette Zara findet sich mit den Trendinitiativen ein Beispiel für unternehmerische Mittelorientierung. Der leistbare Verlust entsteht in der Höhe der Investition in die jeweiligen Trendinitiativen, die, so sie nicht vom Kunden angenommen werden, verbilligt verkauft werden.

Wie hoch dieser Einsatz sein kann, hängt unmittelbar von der Person ab, die ihn leistet, und diese kalkuliert ihr maximales Verlustpotenzial. Darüber hinaus werden dem eintretenden Zufall „Chancen eingeräumt", sich auf Augenhöhe zu positionieren und den möglichen Nutzen zu transportieren. So gehört die regelmäßige Reflexion von Zufällen im Hinblick auf die in ihnen liegenden Chancen und Möglichkeiten zur Methodik. Eines der wohl prominentesten Beispiele ist die Geschichte der Post-its, jener bunten Klebezettel, die im Rahmen agiler Methoden inflationär verbraucht werden, aber auch in jedem Privathaushalt Verwendung finden.

Dr. Spencer Silvester, ein Wissenschaftler bei 3M, sollte einen Klebstoff mit sehr hoher Klebekraft entwickeln. Das war das festgelegte Ziel. Das Ergebnis seiner Experimente: löslicher Klebstoff, der wiederverwendbar klebte. Seine Überzeugung, dass ihm etwas Großes gelungen sei, teilte niemand bei 3M. Er ließ allerdings nicht locker und pries weiterhin die Relevanz seiner zufälligen Erfindung an. Ein Kollege, ebenfalls Wissenschaftler, war es schließlich, der die Erfindung Dr. Silvesters als Geniestreich erkannte. Er hatte sich schon immer darüber geärgert, dass die in die Gesangsbücher eingelegten Zettel zum Kennzeichnen relevanter Stellen nach jedem Gebrauch und Sonntag für Sonntag wieder herausfielen und neu eingelegt werden mussten. Der Rest ist Erfolgsgeschichte.

Das Prinzip des leistbaren Verlusts, gepaart mit der Festlegung von klaren Tipping-Points in der Strategie, sollte im Ergebnis ebenso viel Sicherheit in der Unternehmenssteuerung vermitteln können wie die ausschließliche Anwendung kausaler Logiken. Vor allem die Tipping-Points ermöglichen als Substitut für mangelhafte Vorhersehbarkeit die Etablierung einer prozessualen Sicherheit.

Mit neuen unternehmerischen Methoden steigt die Wahrscheinlichkeit immens, wirksam und erfolgreich in unsicheren Umgebungen steuern zu können. Eine unternehmens- und kontextspezifische Kombination von klassischen Management-

Instrumenten und unternehmerischen Methoden ermöglicht den Erhalt von Effizienz bei gleichzeitiger Öffnung für Innovation und unternehmerische Logik.

Klassische Strategie-Tools sind unter Effizienzperspektive sehr zielführend, da sie in einem zeitlich festgesetzten Rahmen Inhalte in einer Strategie verdichten und ermöglichen, die Strategie konkret durch Planung und Controlling-Tools zu unterlegen und zu monitoren. Das wird oft von internen Strategieabteilungen oder externen Beratern übernommen.

Klassische Strategie-Tools sind künftig allerdings nur noch in berechenbaren, wenig veränderlichen Märkten einsetzbar. In allen anderen Marktumfeldern braucht es adaptive Strategiestile, die eine wendige Steuerung ermöglichen. Und damit rückt die Strategiearbeit der Zukunft wieder auf die Agenda der CEOs. **Die Strategiearbeit der Zukunft kann nicht mehr delegiert werden.** Die großen Strategieabteilungen in den Unternehmen werden schrumpfen, es werden deutlich weniger methodische Vorlagen und streng moderierte Prozesse zum Einsatz kommen. Strategie erfordert Diskurs und Dialog, möglichst interdisziplinär, kreativ-kritisch und kontrovers. Und vor allem ohne festen methodischen Rahmen, der ein „Auch mal rechts und links vom Weg"-Denken zugunsten von Verdichtung abmoderiert.

Die neuen Strategiediskurse finden künftig in sowohl regelmäßigen als auch situativen und offenen Formaten statt. Und damit ist eine künftige Kerndisziplin von CEOs beschrieben: selbst ins „Quer-Denken kommen" und mutige Dialoge anstiften.

Nicht zuletzt erfordert der neue Strategiediskurs Persönlichkeiten, die bereit und so mutig sind (Stichwort: Angst haben und es trotzdem tun), sich selbst und ihre Wirksamkeit zu reflektieren und Entscheidungen zu revidieren und agil zu steuern. Mehr Dialog, weniger etablierte Methoden und sich – unter Akzeptanz des Hypothesencharakters – den künftigen Bedürfnissen der Kunden widmen: Das bedeutet mehr Unternehmertum. Sonst bleibt es bei der Hochrechnung des Status quo.

In Kürze:

Veränderungsansätze für Strategiearbeit und Management

→ Adaptieren Sie Ihren Strategiestil auf Ihr spezifisches Marktumfeld und passen Sie konsequent Ihre Planungs- und Controlling-Tools an.

→ Starten Sie (selbst) mit der Nutzung von agilen Methoden, um die Adaptivität Ihres Unternehmens zu erhöhen.

→ Gestalten Sie die Strategiedialoge unter Einsatz von diversitär besetzten Teams.

→ Reduzieren Sie Pseudokomplexität und etablieren Sie einen kompetenten Umgang Ihres Managements mit Komplexität.

→ Starten Sie Initiativen zur unmittelbaren Wahrnehmung von (künftigen) Kundenbedürfnissen und etablieren Sie die erfolgreichsten Strategien als selbstverständlichen Teil des Daily Business.

→ Ermitteln Sie neue Steuerungsparameter für den Umgang mit Unsicherheit.

→ Überprüfen Sie, wie offen die Innovations- und Entwicklungsprozesse in Ihrem Unternehmen sind. Wie geht man mit Zufallsfunden um? Würden solche überhaupt bemerkt?

Individuelle Veränderungsansätze in der Managementrolle

→ Reflektieren Sie, an welchen „alten" Methoden Sie noch festhalten und wo Sie sich bereits für neue Methoden geöffnet haben.

→ Diskutieren Sie mit Menschen über Ihr Unternehmen, die einen völlig anderen fachlichen Zugang haben und eine neue Perspektive einbringen können.

Fazit und Veränderungsansätze

→ Reflektieren Sie Ihren Umgang mit Komplexität und treten Sie in einen offenen Dialog mit Ihrem Managementteam darüber ein.

→ Reflektieren Sie Ihre eigenen Sicherheits- und Kontrollbedürfnisse und fragen Sie sich, wodurch diese bislang bei der Steuerung des Unternehmens ausreichend befriedigt werden konnten. Leiten Sie daraus künftige Steuerungsbedarfe ab.

→ Überprüfen Sie Ihr Menschenbild und Ihre Haltung zu Selbstorganisation und Agilität. Eine proaktive und positive Haltung ist ausschlaggebend für die Agilitätsentwicklung Ihres Unternehmens.

→ Adaptieren Sie Ihren Management- und Führungsstil an die Notwendigkeiten neuer Führung für die digital-kulturelle Transformation Ihres Unternehmens und zur erfolgreichen Umsetzung Ihrer Unternehmensstrategie.

Ein kleiner Vorgriff sei an dieser Stelle erlaubt: Bevor wir die Liste „CEOs müssen künftig ..." ins Unermessliche wachsen lassen, sei der Fairness halber darauf hingewiesen, dass CEOs in ihrer Rolle zwischen der Organisation an sich, ihrem Aufsichtsrat und Shareholdern oft wenig Spielraum haben. Wie sich auch das Verhältnis zu Share- und Stakeholdern signifikant verändern muss, damit CEOs überhaupt die Freiheit haben, mutig zu sein und „gegen den Strich" zu denken – diesem Thema haben wir aufgrund seiner Wichtigkeit ein eigenes Kapitel gewidmet („Im Team mit Aufsichtsrat und Shareholdern").

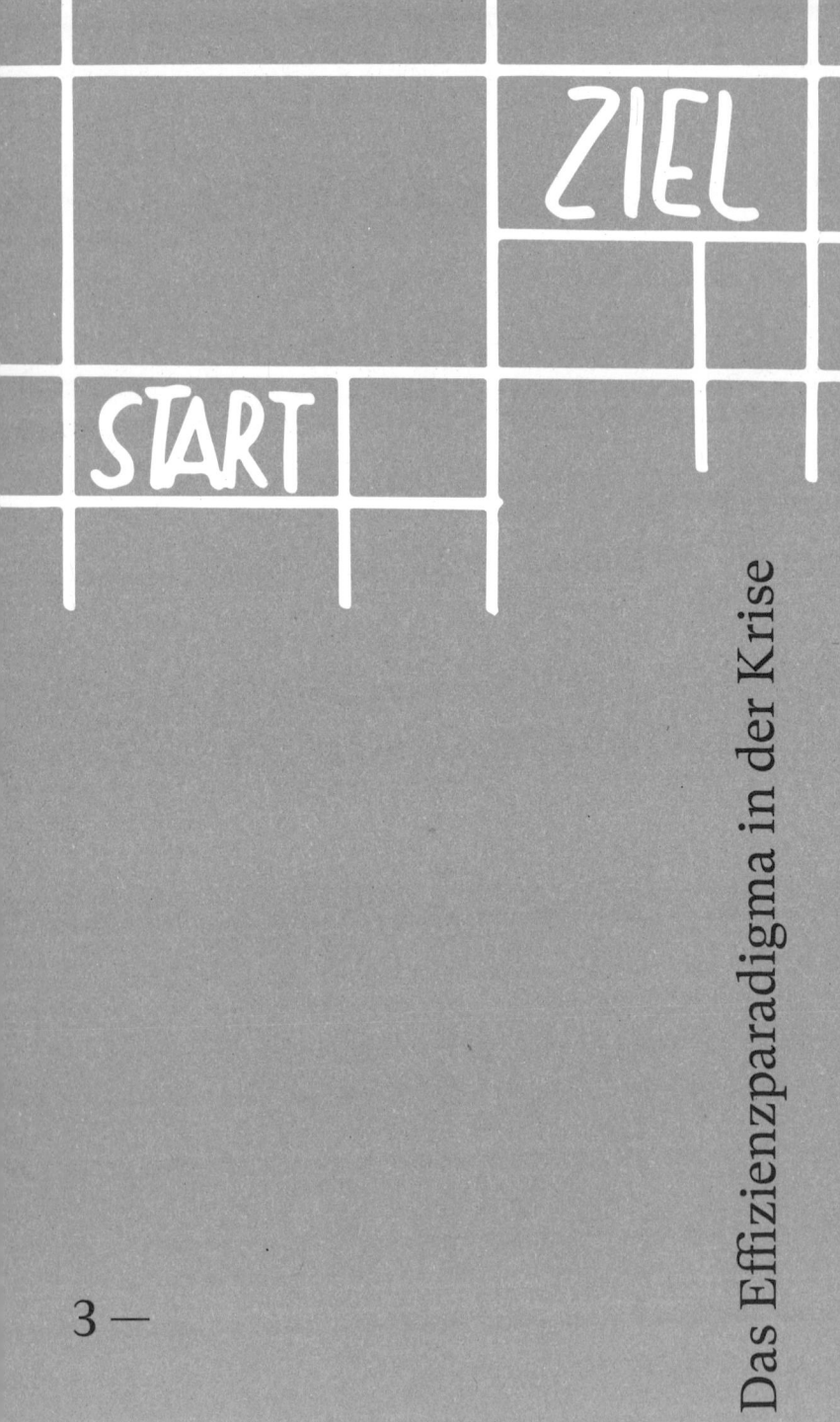

ZIEL

START

Das Effizienzparadigma in der Krise

3 —

Die Kreativität war das größte Opfer des Effizienz-Paradigmas.

Reinhard Sprenger

„Möglichst geradlinig von A nach B gehen!" So lautete die Führungs- und Steuerungsdevise der vergangenen 15 Jahre, die durch Effizienzverdichtung geprägt waren. Bei der Bewältigung der Herausforderungen der digital-kulturellen Transformation zeigt sich jedoch bereits jetzt in vielen Unternehmen deutlich, dass das bisherige Effizienzverständnis der künftig benötigten kooperativen Agilität (als neuer Form der Organisationsdynamik) diametral entgegensteht. Die bisherige Steuerung von Innovation und Kreativität in effizienten Innovationsprozessen (ein Oxymoron, nebenbei bemerkt) ist dementsprechend radikal weiterzuentwickeln. Denn jede effizienzsichernde Methode schließt ein agiles Schauen „rechts und links des Weges" – und dort finden sich die Innovationen – kategorisch aus, wenn das Budget auch hier die beherrschende Perspektive einnimmt.

Das Ende der Effizienz-Dominanz zeichnet sich also am Horizont ab. Die durch Komplexität und Volatilität eintretende Ungewissheit zwingt uns, unser stetiges Streben nach immer effizienteren Lösungen zu überdenken, denn das Diktat der Effizienz hat ein stromlinienförmiges Agieren geschaffen und damit das Gegenteil von Agilität. Wenn nun aber Agilität ein Schlüssel zur Steuerung in der Ungewissheit ist, dann müssen Unternehmen – und damit CEOs – Rahmenbedingungen schaffen, die Agilität ermöglichen. Und da reicht es nicht, ein bisschen Agile Coaching hier und ein wenig Scrum da einzuführen. Kreativität und Agilität ohne Effizienzverlust gibt es einfach nicht! Wie kann es mir also gelingen, in meinem Unternehmensumfeld diesen Widerspruch zugunsten von Kreativität aufzulösen, ohne diejenige Effizienz preiszugeben, die beibehalten werden soll, da sie für meine Innovationen nicht schädlich ist?

Ambidextrie – das Business der zwei Geschwindigkeiten

Die Fähigkeit eines Unternehmens, simultan forschen und optimieren zu können, wird erst durch die Kompetenz des Managements, beides parallel steuern zu können, möglich.

Charles A. O'Reilly und Michael L. Tushman

Bisherige Ansätze von Unternehmen, agile Bereiche zu schaffen, ohne das Unternehmen komplett verändern zu müssen, werden häufig über sog. Lab-Ansätze abgebildet. Man kann sich das wie einen Tanker bzw. ein Schnellboot vorstellen: Das große Unternehmen fährt als Tanker auf geplanter Route behäbig dahin, während das Schnellboot ohne jede Einschränkung durch das Unternehmen wendig bleibt und auf Unvorhergesehenes zeitnah und mit raschen Kurs- und Tempowechseln reagieren kann.

Die Auswirkungen dieser Trennung sind bereits zu beobachten. Es kommt zu störenden „Die da und wir hier"-Abwertungs- und Ausgrenzungsphänomenen in Unternehmen, die Konflikte produzieren und Effizienz kosten. Die Mitarbeiter auf dem Tanker merken sehr wohl, dass sie mit der bremsenden und lähmenden Masse assoziiert werden. Und das, obwohl sie die Party auf dem Schnellboot finanzieren und überhaupt erst möglich machen. Das ist kein gutes Gefühl, und es beschleicht sie die Ahnung, dass es sich hier um eine Art nett verpackter Kapitulation vor dem großen Change handelt, dem man über einen Lab-Ansatz ausweichen zu können glaubt.

Auch John P. Kotter, renommierter Harvard-Professor und Vordenker zum Thema Management, spricht von einem dualen Betriebssystem, da seiner Einschätzung nach die althergebrachten Methoden unzureichend sind, um strategischen Chancen und Risiken erfolgreich und rasch genug begegnen zu können. In seinem Buch „Accelerate – Strategischen Herausforderungen schnell, agil und kreativ begegnen" beschreibt er eine dual operierende Organisationsform, die die Sicherheit und Effizienz etablierter Organisationsstrukturen mit der Agilität und Schnelligkeit von Netzwerkstrukturen zusammenführt. Dieses duale Betriebssystem sichert ab, so Kotter, dass Unternehmen langfristig wettbewerbsfähig und profitabel bleiben. Die Hierarchie erledigt die vorhersehbaren und „nur" zu operationalisierenden Aufgaben – und die neuen agilen strategischen Inhalte werden in einer Netzwerkorganisation behandelt. Auch irgendwie Tanker und Schnellboot, aber eben nicht thematisch abgegrenzt, sondern über einen dualen Organisationsaufbau.

Darin scheinen sich alle einig zu sein: Es braucht eine neue und deutlich agilere Steuerung, ohne aber die gut funktionierenden Mechanismen über Bord zu werfen. Dual eben. Es ist unwahrscheinlich, dass es hierfür eine Blaupause gibt.

Jetzt sind die CEOs und das Management gefragt (sowie jede Führungskraft), eine duale Steuerung zwischen Stabilität und Agilität für das gesamte Unternehmen zu implementieren, zumindest aber eine möglichst bewertungsfreie und moderierte Implementierung von Lab-Ansätzen. Die Kompetenz, parallel zur effizienten Prozessorganisation – die es, bei aller Veränderung, auch künftig noch geben wird – eine kreative Organisationsentwicklung zu verfolgen (Sowohl-als-auch-Spreizung), rückt als primäre Management- und Führungsdisziplin prominent in den Vordergrund. Es geht um die Steuerung eines dualen Systems, das diese Widersprüche auffängt und an den Stellen, wo Effizienz, Ordnung, Routine und einheitliche Leitung möglich sind, diese zur Absicherung von Effizienz auch einsetzt. Gleichzeitig müssen dort, wo Ungewissheit besteht, die Räume für Agilitätsmechanismen geöffnet werden. Hierfür bedarf es einer ausgeprägten Change-Kompetenz auf Basis eines neuen Verständnisses von Change. Und eines CEO, der beides steuern kann.

Digitale Transformation als Effizienzinstrument

Ein Blatt Papier einzuscannen und daraus ein PDF zu generieren, ist keine digitale Transformation. Noch nicht einmal fast!

Markus Reimer

Die gezielte Nutzung der Möglichkeiten von Digitalisierung – etwa die Erschließung neuer Geschäftsfelder, ist in der Tat in Deutschland ein noch nicht verbreitetes Phänomen. McKinsey hat im Rahmen einer Untersuchung festgestellt, dass die primäre Perspektive des deutschen Mittelstands auf der Effizienzsteigerung bestehender Geschäftsmodelle und Systeme durch Digitalisierung und Automatisierung liegt. Auch die Stiftung

Familienunternehmen ermittelte jüngst, dass auch die nächste Unternehmergeneration die mit Abstand größte Chance der Digitalisierung in der Prozessoptimierung sieht.

Disruption scheint hierzulande kein ernsthaft verfolgtes Thema zu sein. Und wenn, dann eher als sorgenvoll betrachtetes Bedrohungspotenzial. Auch die Studie „Digitalisierung – der Realitätscheck" von Horváth & Partners, für die Forsa 200 Unternehmensentscheider aus unterschiedlichen Branchen zu den bisherigen Erfahrungen und Erkenntnissen aus der digitalen Transformation befragt hat, bestätigt diese Tendenz. Die Kernaussage lautet, dass Entscheider in Deutschland in der Digitalisierung in erster Linie ein riesiges internes Effizienzprogramm sehen. 89 % wollen mit digital unterstützten Abläufen beispielsweise den Aufwand für die Unternehmenssteuerung drastisch reduzieren.

Ganz anders in den USA: „Which is why Americans, or at least those in Silicon Valley, are forever reaching for newer, grander words to hint at possible destinations for our species: What started as simply 'IT' or 'tech' became 'Virtual Reality', 'Cyberspace', the 'World Wide Web', 'Web 2.0', the 'New Economy', the 'Next Big Thing'", so Andreas Kluth vom Handelsblatt. „(...) When German bosses use Digitalisierung they usually mean a factory upgrade. They might install 3D printers or use cloud-computing, for instance. They have coined a term for that, too: 'Industrie 4.0.' In their imagination, Digitalisierung is little more than incremental improvements."

Ganz so schwarz-weiß kann man es mittlerweile nicht mehr sehen. Täglich kaufen deutsche Unternehmen Beteiligungen an Startups mit KI-Kompetenz oder digitalen Produkten. Nichtsdestotrotz darf die kritische Beobachtung nicht wegfallen: Warum fällt es dem Erfinderland Deutschland so schwer, vom Diktat der Effizienz so weit abzurücken, dass echte Innovationen ihren Weg finden können? Unsere Vermutung umfasst zwei Annahmen. Zum einen ist das Umfeld deutscher Unternehmen im Shareholder Business massiv auf Effizienz getrimmt. Es reicht daher nicht, jemanden in der CEO-Rolle zu haben, der bereit ist, andere Wege zu gehen. Das komplette Shareholder-Umfeld inkl. Aufsichtsgremien muss diese neuen Wege mitgehen wollen – und weil dieser Umstand so wichtig ist, haben wir ihm ein eigenes Kapitel gewidmet. Die zweite Annahme bezieht sich auf die Kompetenzorientierung: Deutsche Unternehmen haben eine hohe Effizienz- und Produktionskompetenz, ein Erfolgsmodell über viele Jahrzehnte hinweg. Das legt man nicht einfach ad acta.

Die Botschaft ist klar. Wir haben es mit einer so umfassenden wie umwälzenden *„Revolution in Lichtgeschwindigkeit"* zu tun. Diese Entwicklung, die jedes Geschäftsmodell in irgendeiner Weise betrifft, kann man nur stemmen, wenn sie als Tatsache akzeptiert wird und die Beteiligten aufhören, „in Verbesserungspotenzialen zu denken, die noch mehr Effizienz ermöglichen". Raum für die erforderliche Kreativität bedeutet, weniger in Effizienz zu denken und mehr unternehmerisch zu steuern. Das sehr deutsche Bestreben (und gleichermaßen die Kompetenz), alles in einen effizienten Modus zu überführen, führt zu KVP und Innovationsprozessen, die derart bürokratisiert sind, dass jede Leidenschaft verloren geht. Barrieren wegnehmen und nicht neue (prozessuale und finanzielle) Barrieren hinzufügen, lautet die Maßgabe. In manch einem Unternehmen verlangt man gar von den Innovationsmanagern, dass sie per Planung nachweisen, für welche Innovationen sie das Budget einsetzen wollen. Das fällt schwer, wenn man von Dingen sprechen soll, die es noch gar nicht gibt. Und so bleibt man sicherheitshalber auch weiterhin bei Verbesserungsszenarien des Status quo, als wirklich neu zu denken – auch wenn damit mittel- und langfristig sogar die Wettbewerbsfähigkeit eines ganzen Landes aufs Spiel gesetzt wird.

Organizational Slack

+3

Wir leben in einem Moment, in dem individuelle Kreativität und kontinuierliche Innovation entscheidend sind. Wir sollten an einen ‚Return on Inspiration' denken.

Natascia Radice

Organizational Slack (erstmals so benannt von Cyert und March) bezeichnet eine finanzielle, personelle und intellektuelle Reserve, die in Krisen wichtig ist, um die Steuerungsfreiheit zu haben, situativ zu reagieren. In der neueren Organisationsforschung werden Kausalitäten zwischen dieser „überschüssigen Ressource" und dem Innovationspotenzial eines Unternehmens untersucht. Mit Überschuss sind Ressourceneinsätze gemeint, die über das effiziente, zur Leistungserstellung und -verwertung erforderliche Maß hinausgehen. Die dahinter liegende Logik der diversen Vertreter dieses Ansatzes lässt sich kurz zusammenfassen: kostenintensive F&E-Projekte, deren Erfolgspotenzial groß, aber deren Ausgang unsicher ist, können nur über Slacks realisiert werden. Es werden Experimenträume für Neues geschaffen, in denen weniger Angst vor Misserfolg herrscht, da das Überleben der Organisation nicht an diese Experimente

Das Effizienzparadigma in der Krise

gekoppelt ist. Nicht zuletzt schreibt man diesem Ansatz den Effekt zu, für das Unternehmen eine schnellere Reaktionsfähigkeit zu erreichen, da der Normalbetrieb nicht gefährdet ist und parallel weiterläuft. Einige Studien belegen, dass durch einen Personalüberhang zugleich die Intensität latenter Zielkonflikte im Kampf um Ressourcen abnimmt. Nicht zuletzt führen die Vertreter dieses Ansatzes an, dass mit einem (Top-)Management, das sich um die Innovationsprozesse kümmern und ein Innovationsfreundliches Klima schaffen kann, die Wahrscheinlichkeit erfolgreicher Innovationen größer sei. Wie immer kommt es auch hier auf die Dosis an: Ein Zuviel von solchen Projekten schadet natürlich auch, das belegen zahlreiche Negativbeispiele.

Auch in der Steuerung von Ungewissheit findet dieses Prinzip Anwendung. Das im Business-Kontext schon oft bemühte Bild des Schiffs verdeutlicht die dahinterliegende Logik. Kenne ich die Route und alle weiteren Steuerungsparameter, kann ich die Mannschaft gemäß ihren Kompetenzen effizient aufstellen und dem vorgegebenen Kurs folgen. Kenne ich aber weder die exakte Route noch die am Weg liegenden Unwägbarkeiten, muss ich zusätzliche Kompetenzen und Kapazitäten an Bord haben, um situativ reagieren zu können. Dafür lässt sich im Planungszeitalter (quasi ein schriftlicher Proof of Believe für Effizienz) nur schwer argumentieren. *„Wir benötigen für unser Business untypische Kompetenzen und mehr Leute, denn wir könnten sie vielleicht brauchen.“* Ist das überhaupt ein denkbarer Ansatz? In vielen Unternehmen derzeit jedenfalls nicht. Das wird sich nur dann ändern, wenn alle Beteiligten (CEOs, Aufsichtsräte und Shareholder) von der gleichen Grundhypothese ausgehen: Erfolgreiche Steuerung in Ungewissheit funktioniert nur, wenn man situativ reagieren kann, und das wiederum bedingt eine andere Aufstellung an Ressourcen, sowohl quantitativ als auch qualitativ. Da muss die Effizienzperspektive zurückstehen.

Übrigens: Google hat mit seiner 20-%-Lösung auch eine Art Slack eingeführt. An jedem fünften Tag sind Google-Mitarbeiter befreit von ihren normalen Aufgaben. In dieser „20-%-Zeit" können sie sich um eigene Innovationen und Projekte kümmern. Aus diesem u. a. von LinkedIn und Apple übernommenem Modell entstanden Dienste wie Gmail, Maps oder

AdSense, die Google Milliarden einbrachten. Auch wenn es immer wieder Gerüchte um die Einstellung des Programms gibt, ist die 20-%-Zeit der Mitarbeiter bis heute ein Teil der Google-Kultur und bringt auch aktuell neue Produkte hervor. Zur besseren Organisation dieser Zeit wurde im vergangenen Jahr der interne Startup-Inkubator Area 120 gegründet. Dieser hat nun wiederum eine eigene Webseite bekommen (vormals hieß diese Google Labs) und lädt Nutzer dazu ein, zukünftige Produkte in einem frühen Stadium auszuprobieren.

Googles Slack-Ansatz ist explizit auf Innovationen ausgerichtet. Für Change-Prozesse gibt es ebenfalls eine klare Haltung. Die mannigfaltigen Aufgaben in diesen Prozessen werden in der Regel einzelnen Führungskräften („Change Leader") und einzelnen Mitarbeitern („Change Agents") aufgebürdet – und das neben ihrem die Arbeitstage durchaus füllenden normalen Pensum. Das ist, so belegt es die Empirie, ein häufiger Grund für das Scheitern dieser Prozesse. Irgendwann geht jedem die Energie aus. Organizational Slack ist daher eine Grundbedingung für effizienten Wandel, aber leider nach wie vor selten. Gleiches gilt im Übrigen für IT-Bereiche klassischer Art. Diese sind in der Regel vollauf damit beschäftigt, den Regelbetrieb aufrechtzuerhalten. Sollen sie nun auch noch sowohl Ort als auch Teil der digital-fachlichen Transformation sein, ist der Ausgang vorhersehbar und auch bereits zu beobachten. Kein noch so gutes Programm-Management kann die hier fehlenden Ressourcen auffangen.

Und so teilt sich derzeit die Welt – in diejenigen Unternehmen, die bereits anfangen zu reagieren (so gibt es z. B. einen Zuwachs an Strategieexperten und -gremien in Aufsichtsräten und Management-Teams sowie an interdisziplinären Kooperationen) und in die Unternehmen, die (und sie stellen derzeit noch den überwiegenden Teil), die massiv an bisherigen Effizienzparadigmen festhalten und dies nach wie vor für den unternehmerischen Erfolgsgaranten Nr. 1 halten. Auf die geopolitischen Unwuchten oder die Energie- und Mobilitätswende reagieren sie ausschließlich mit Cost-cutting und Personalabbau. Der Rest der Mannschaft läuft dann auf Hochtouren, um diese abgebauten Stellen zu kompensieren. Da hat Agilität keinen Raum. Leider wird dieses Vorgehen über Shareholder erwartet und bestätigt. (Da stellt sich die Frage nach Henne und Ei.) Klar ist natürlich, dass es nicht reicht, einfach mehr Leute an Bord zu holen. Hier geht es um spezifische Kompetenzen, vor allem für die Themen Innovationen und Change. Fest steht: Über den Regelbetrieb wird das künftig nicht funktionieren, denn dafür sind die Transformationsaufgaben einfach zu groß.

Wirksamkeit – die neue Effizienz

Das klassische Ziel-management ist eine Farce.

Johannes Müller

OKR wurde in den 1970er-Jahren bei Intel von Andrew Grove entwickelt und von Google-Investor John Doerr vor 20 Jahren als Methode bei dem Tech-Giganten vorgestellt und eingeführt. OKR bedeutet „Objectives and Key Results" – Ziele und Schlüsselergebnisse. „Objektives" steht hier für das „Was will ich erreichen?" und „Key Results" fragt: „Wie will ich meine Objectives erreichen?" Die Methode setzt im Gegensatz zu vielen agilen Methoden „oben" an und fordert auch von CEOs klare Transparenz über ihre Ziele und Zielerreichungen. Neben Google nutzen inzwischen auch andere Silicon-Valley-Größen wie Twitter, LinkedIn oder Oracle das Management-Werkzeug. Die Ziele und Zielerreichungen werden quartalsweise überprüft, sodass ein situatives Umsteuern möglich ist. Zielvereinbarungen und das Führen mit Zielen fußen auf dem Konzept des „Management by

Objectives" von Peter F. Drucker aus dem Jahr 1955, einem Klassiker mithin. Es stellt sich daher die Frage, ob nicht über 60 Jahre später im Zeitalter von New Work und agilen Organisationen auch Zielvereinbarungen als Methode zumindest weiterzuentwickeln oder gar abzuschaffen wären. Aktuell sind Extrazahlungen in deutschen Unternehmen noch Alltag und stehen Jahr für Jahr auf der Quartalsagenda. 90 % der Topmanager und 84 % der Führungskräfte im mittleren Management erhalten individuelle Boni, so eine Kienbaum-Studie.

Allerdings sind die aktuellen Ausschussquoten bei klassischen Zielvereinbarungssystemen tendenziell schlecht. Studien ermitteln regelmäßig Werte von ca. 30 % auf Mitarbeiterebene und etwas über 50 % bei Führungskräften, die am Jahresende noch auf Zielkurs waren. Laut Hoyck-Monitor „Performance Management" sind von 177 Unternehmen der DACH-Region 40 % mit ihren Zielsystemen unzufrieden, u. a. weil sich die individuelle Leistung nicht richtig abbilden lasse und der Zielzeitraum von einem Jahr deutlich zu lang sei. Das ist aus unserer Sicht insofern nicht verwunderlich, als dass klassische Zielvereinbarungssysteme auf veralteten Annahmen basieren. Sie gehen von einer Aufgabenstruktur aus, die über ein ganzes Jahr stabil planbar und bei der die Arbeit präzise einer Person zuzuordnen ist. Das ist überholt. Die schwierigste Grundannahme, die vor allem, was die Haltung betrifft, am meisten mit aktuellen Herausforderungen kollidiert, lautet: Menschen sind ausschließlich extrinsisch motiviert. Diese Annahme verhindert Selbstorganisation und Vertrauensbildung.

Der Einsatz einer agileren Methode, die kurze Messabstände aufweist, die Ziele auch zu mindestens 40 % auf Mitarbeiterebene gestalten lässt und die auf Fortschritt (und nicht Perfektion) fokussiert, scheint deutliches Verbesserungspotenzial zu versprechen. Einen Versuch wäre es – angesichts der schlechten Zielerreichungsgrade – allemal wert. Patrick Lobacher et al. formulieren daher die SMART-Formel um und ersetzen die Inhalte wie folgt: Spezifische Ziele werden nicht mehr von oben nach unten durchgereicht, sondern man handelt gemeinsam aus, wer etwas beitragen kann. Die messbaren Ziele werden in messbare Meilensteine übersetzt, um die Iteration zu berücksichtigen. Das Alignment wird zum „As if now", d. h. Ziele werden so formuliert, als seien sie schon erreicht worden. Das beschriebene Ergebnis enthält bestimmte Faktoren, die erreicht werden (anstatt einer formulierten Aufgabe). Das „R" für „realistisch" wird übersetzt mit „Relevant added value", was so viel bedeutet wie „Jedes Ziel in einem unsicheren Umfeld muss etappenweise vereinbart werden und jede Etappe für sich muss einen Mehrwert schaffen". Kleine Brötchen statt großer Ziele. Interessanterweise korrespondiert dies mit den Forschungen von John William Atkinson und Heinz Heckhausen, die die Leistungsmotivation von Menschen untersuchen. Erstaunlicherweise nimmt, ihren Studien zufolge, die Leistungsmotivation mit sinkender Erfolgswahrscheinlichkeit zu. Ja, Sie haben richtig gelesen. Am höchsten sei diese bei einer Erfolgswahrscheinlichkeit von etwas über 50 %, so die Forscher. Der Mensch liebt offenbar die Herausforderung.

Im Moment geht der Trend zu sog. Kollektiv- oder Team-Boni, welche nicht nur die Teamleistung als Grundlage für die Bewertung nehmen, sondern es auch den Teams überlassen, die Boni in der Gruppe zu verteilen.

Zu den prominentesten Unternehmen, die aktuell bereits kollektive Bonusregeln einsetzen, gehören SAP, die Deutsche Bahn, Infineon, Daimler und Bosch. Das angestrebte Ziel liegt in der Förderung der Zusammenarbeit und der gleichzeitigen Minimierung von Egoismen.

Für Thomas Schmidt fußen klassische Zielvereinbarungen auf einem negativen Menschenbild und sind einem hierarchischen Führungsverständnis zuzuordnen. Er plädiert dafür, den Begriff „Performance Management" insgesamt infrage zu stellen. Denn moderne Führung müsse nicht die Leistung von Mitarbeitern steigern, sondern Bedingungen schaffen, in denen sich die Mitarbeiter entfalten können.

Geld kann Sinn und Begeisterung für eine Aufgabe nicht ersetzen. Reinhard Sprenger postuliert schon lange, dass jede intrinsische Motivation schwer gefährdet ist, wenn man Menschen angewöhnt, etwas nur für Boni zu tun. Bei Sipgate zum Beispiel gibt es ganz bewusst kein Boni-System. Die Mitarbeiter müssen sich dementsprechend nicht vor den Kollegen und Chefs produzieren, um mögliche Boni zu ergattern. „Wir haben ein fixes Gehaltsmodell für alle je nach Rolle, Berufserfahrung und Firmenzugehörigkeit", sagt Tim Mois, Gründer von Sipgate. „Boni schaffen nur Unzufriedenheit."

Und wie steht es mit der Gerechtigkeit? Bei komplexer werdenden Geschäftsmodellen und einem volatilen Umfeld kann die Jahresplanung keine belastbare Grundlage mehr sein für die Findung von Zielprämien. Wenn wir agile und emergente Strategien brauchen, um wettbewerbsfähig zu bleiben, dann muss das zu 100 % auf die Gestaltung von variablen Vergütungsvereinbarungen durchschlagen. Ansonsten kommen wir in die absurde Situation, dass zwar die Strategie agil angepasst wird, einzelne am Prozess Beteiligte aber den alten Kurs halten, weil sie um ihre Boni fürchten. In Matrix- oder Projektorganisationen sind aber zunehmend komplexe Tätigkeiten zu erledigen, für die sich schwer Ziele definieren lassen, auch weil Spezialisten in hohem Maße eigenverantwortlich, kontextspezifisch und vor allem kollaborativ arbeiten. Wie will man da einzelne Beiträge messen und zuschreiben? Und welche Auswirkungen hätte das auf die benötigte Kollaboration?

All das sind tragende Argumente dafür, neue Logiken zur variablen Vergütung schaffen – bis hin zu deren gänzlicher Abschaffung. Mit Sicherheit wird es hier keine „agile Blaupause" geben können; vielmehr muss ein solches Konzept spezifisch für jedes Unternehmen entwickelt werden. Es wäre doch ein nettes Experiment, die Mitarbeiter in diese Entwicklung mit einzubinden und sie zu fragen, ob und wenn ja, welche Form von Ansätzen ihnen sinnvoll erscheinen würde.

Abschließend möchten wir noch auf ein mit alter Zielsystematik nicht aufzulösendes Problem hinweisen: Eine Fehlerkultur zu implementieren und gleichzeitig über Zielvereinbarungen das Nichterreichen eines Ziels (das sich häufig während des Jahres verändert und verschoben hat) mit Geldabzug zu bestrafen, produziert einen Double Bind und passt überhaupt nicht zusammen. Insofern ist es wichtig, das Thema Zielvereinbarung bei Neuentwürfen von Arbeitsorganisation und Kulturveränderung konsequent mitzudenken und auch hier alte Muster aufzubrechen.

Das Effizienzparadigma in der Krise

Effectuation, emergente und adaptive Strategieansätze, OKR – es gibt viele gute Ansätze, Unternehmenssteuerung agiler zu machen. Das geht – unzweifelhaft – zunächst (!) in Teilen auf Kosten der Effizienz. Kurzfristig betrachtet gestalten sich diese Modelle also schwierig. Langfristig betrachtet sind sie aber der einzige Weg, innovativer zu werden und damit wettbewerbsfähig zu bleiben.

In Kürze:

Veränderungsansätze für Strategiearbeit und Management

→ Etablieren Sie eine duale Unternehmenssteuerung. Trennen Sie gezielt diejenigen Bereiche, in denen Effizienz das vorherrschende Prinzip sein kann, von denen, wo Innovation und Wachstum gefragt sind, und etablieren Sie entsprechende Steuerungsparameter für eine duale Steuerung.

→ Evaluieren Sie, welche Projekte in der Vergangenheit aufgrund personeller Mangelressourcen gescheitert oder deutlich verlangsamt worden sind und bauen Sie dort gezielt ausreichende Ressourcen nach dem Prinzip des leistbaren Verlustes nach Effectuation auf.

→ Werten Sie Ihre Möglichkeiten aus, gezielt finanzielle und personelle Reserven zu akquirieren, um situativ wendiger zu werden und auch bereits bestehende Veränderungsinitiativen zum Erfolg zu führen.

→ Ermitteln Sie, welche neuen Instrumente für Ihr Unternehmen in Kombination mit bestehenden Instrumenten hilfreich sein könnten, um unternehmerisch agiler zu werden.

→ Entscheiden Sie sich für ein Zielvereinbarungssystem, das Unternehmertum, Kooperation, Mut und Veränderungsbereitschaft fördert. Am besten entwickeln Sie es gemeinsam mit Führungskräften und Mitarbeitern, um von Beginn an ein hohes Commitment zu erreichen.

Fazit und Veränderungsansätze

Change the Change

Start with why.

Simon Sinek

Was sind die aktuellen Kerntendenzen im Thema Change? Ein kurzer Abriss zum Einstieg:

These 1: Die Erfolgsquote von Change-Management-Prozessen – schon lange erschreckend niedrig – entwickelt sich trotz methodischer Professionalisierung in der Prozessplanung und -durchführung sogar wieder rückläufig (laut der Change Fitness Studie 2017 liegt sie bei unter 25 %; laut Change Fitness Studie 2018/2019 setzt sich dieser Trend mit 23 % fort). Fragen wir bei Vorständen nach, lautet eine häufige Antwort, dass sich *„Mitarbeiter einfach nicht verändern wollen"*. Ende der Geschichte. Die erste problematische Gruppe scheint identifiziert.

These 2: Wie sieht es aus, wenn wir nach der Veränderungskompetenz und -willigkeit von CEOs und im Management fragen? Interessanterweise wird hier häufig kein Anlass zur Veränderung verortet. Das führt zu empirisch belegten „Abkopplungseffekten" zwischen dem Top-Management einerseits und den Führungskräften und Mitarbeitern andererseits. Je näher man „am Menschen dran ist" und ihn zur Veränderung „bringen muss", umso schwerer scheint das Unterfangen zu sein, so eine Langzeitstudie eines Beratungsunternehmens. Dementsprechend werden die Erfolgsaussichten für Change umso positiver bewertet, je weiter oben in der Hierarchie der Befragte steht, denn umso größer ist hier der Abstand zu den Mitarbeitern. Im mittleren Management, das in der Regel am intensivsten um die Veränderung kämpfen muss, da es in der unmittelbaren Führungsverantwortung steht, zeigt sich Erschöpfung, denn hier müssen die Ambivalenzen der Organisation ausbalanciert werden. Die Mitarbeiter erklären, warum es so nicht gehen kann und erwarten von ihren Führungskräften, dass sie dies nach oben tragen und ändern. „Von oben" wird das mittlere Management als bremsend wahrgenommen, da es die Bedenken der

Mitarbeiter ernst nimmt und transportiert. Das brachte dem mittleren Management den unrühmlichen Titel „Lehm- oder Lähmschicht" ein. Und damit ist die zweite problematische Gruppe seitens der Unternehmensführung identifiziert.

Kann das so einfach sein? Die Mitarbeiter wollen nicht und das mittlere Management kann nicht, womit die Schuldigen für das erneute Scheitern der Veränderung bereits identifiziert wären? Solch ein Vorgehen – die Veränderungsnotwendigkeit bei anderen zu sehen und nicht bei sich selbst – macht das Ganze nur scheinbar leichter, vor allem im Hinblick auf die erforderliche kulturelle Veränderung von Unternehmen. Eine aktuelle Untersuchung von Capgemini und Brian Solis aus dem Jahr 2017 bestätigt die unterschiedliche Wahrnehmung und die daraus resultierende Abkopplung zwischen Top Management und Mitarbeiterebene in Bezug auf die kulturelle Digital-Affinität: Während 40 % auf Top-Management-Level von einer bereits existierenden digitalen Unternehmenskultur sprechen, sind es bei den restlichen Mitarbeitern nur 27 %. In Deutschland ist der Abstand noch deutlicher. Insgesamt gaben bei der Untersuchung 62 % der Teilnehmer weltweit an, dass die Unternehmenskultur das größte Hindernis auf dem Weg zu einer digitalen Organisation sei. In Deutschland liegt der Wert mit 72 % wiederum leicht darüber. Die Ergebnisse zeigen darüber hinaus, dass sich der Stand gegenüber der letztmaligen Untersuchung 2011 um sieben Prozentpunkte verschlechtert hat.

These 3: Ca. 20 Jahre „durchmischte" Erfahrungen bleiben natürlich nicht ohne Folgen: Die oft als negativ und nicht erfolgreich erlebte Historie von Veränderungsprozessen führt zu einem steigenden Widerstand (die gehirneigene Alarmanlage schrillt und Flucht-Bewegungen setzen ein) gegen weitere Prozesse dieser Art – bei gleichzeitig steigendem Druck auf das Management in der digitalen Welt, keinen Stein auf dem anderen zu lassen und alles Bewährte zu hinterfragen.

These 4: Nicht zuletzt bewegt die Menschen eine stille Sehnsucht nach dem „Danach", nach einer sich wieder einstellenden Stabilität. „Wann sind wir denn endlich fertig mit der

Veränderung?" ist eine häufig an Berater gestellte Frage. „Nie!"
müsste die ehrliche Antwort lauten. Heutzutage jedenfalls nicht
mehr. Das würde die Hoffnung, dass irgendwann wieder eine
Art von Stabilität eintritt, vollständig zunichte machen. Diese
Sehnsucht vieler Mitarbeiter und Führungskräfte steht diametral zur benötigten umfassenden Transformation. Und nun?

So ungefähr gestaltet sich das Spannungsfeld, in dem
künftig Veränderungsprozesse durchzuführen sind.

Die negative Historie von Veränderungsprozessen führt
bei allen Beteiligten zumindest auf unwillkürlicher Ebene dazu,
dass die Erfolgsaussichten in einer (unbewussten) inneren
Wahrscheinlichkeitsrechnung als sehr gering angesehen werden. Gleichzeitig braucht es im Rahmen der digitalen Transformation Veränderungen mit umwälzendem Charakter. Bisherige
Tools, oftmals linear aufgebaut, waren aber auch früher nur
bedingt erfolgreich.

Wenn wir bei diesem Thema auf den *inneren Wirt* schauen, gibt
es zwei besonders relevante Faktoren: die erfahrungsbasierte
innere Steuerung und das bereits in Kapitel 1 benannte Modell
der Verlustaversion als basales Motiv zur Ablehnung von Veränderung von Daniel Kahneman und Amos Tversky, Nobelpreisträgern im Fach Wirtschaftswissenschaften.

Die grundlegende Fehlannahme bei Change-Projekten
lautet: Change-Prozesse haben einen Beginn und ein Ende, und
der Beginn stellt eine Art Nullpunkt dar. Die Führungskräfte
stehen aber ebenso wenig auf Null wie die Mitarbeiter. Sie stehen auf etwas, das sie kennen, das aus ihrer Sicht (zumindest
grundsätzlich) funktioniert, etwas, das gewohnt und zu bewältigen ist. Und das soll jetzt aufgegeben werden? Dass das Neue
vermeintlich oder sogar objektiv besser sein wird, reicht als Perspektive nicht aus, um den Verlust zu überdecken.

In vielen Experimenten konnte Daniel Kahneman mit
seinen Kollegen nachweisen, dass uns Verluste deutlich stärker
schmerzen als uns Gewinne in gleicher Höhe erfreuen. Jedes
Change-Management-Projekt hat dementsprechend diese
„Hypothek des Verlustes" abzutragen.

Aus dieser Sicht kann das Phänomen „Widerstand" nur als Resonanz begriffen werden, weil jemand noch mit dem Verlust beschäftigt ist. Und das ist nicht rational und logisch zu beantworten, sondern muss zu der Frage führen, wie man diese Person gewinnen kann. Vielleicht erleichtert es Sie ein wenig während der Lektüre, nun zu wissen, dass es sich hier um eine grundlegende Funktionsweise unseres Gehirns handelt, auf die man vonseiten der Führung reagieren kann und sollte. Dass so viele Führungskräfte an diesem Punkt aufgeben, liegt daran, dass sie permanent versuchen, sachlogische Argumente anzubringen (oder Bedrohungsszenarien zu entwickeln), und dann erwarten, dass die Mitarbeiter diese kognitiv verarbeiten und auf der Grundlage dieser neu gewonnenen Erkenntnis in die Veränderung gehen. „Aber ich habe die Leute doch schon abgeholt!" ist ein häufig zu hörender Satz von verärgerten Führungskräften, wenn wir mit ihnen über diese Phänomene sprechen. Bezogen auf die sachlichen Argumente? Ja. Aber emotional? Wahrscheinlich nicht. Neulich beschwerte sich ein Vorstand im Rahmen einer Beratung regelrecht über das sehr kritische Verhalten seiner Führungskräfte in Bezug auf den Change und meinte: „Damit will ich mich gar nicht beschäftigen. Die werden schließlich hoch bezahlt dafür, dass die das umsetzen. Ich verlange das." Daniel Kahneman würde wahrscheinlich lächeln und diesen Vorstand mit seiner Theorie zur Verlustaversion erneut abholen, da nämlich, wo dieser immer noch zu stehen scheint.

Wie können Sie dafür Sorge tragen, dass Sie wirklich verstehen, wo Ihre Leute in Bezug auf den Change stehen (inklusive Verlustaversion) – und bewerkstelligen, dass sich die Menschen immer wieder und wieder abgeholt fühlen?

Fragen wir den *inneren Wirt*: „Menschen dort abholen, wo sie stehen", das ist eine stehende Wendung, die jede Führungskraft mittlerweile im Schlaf herbeten kann. Das funktioniert aber nur selten, weil die Führungskräfte – selbst solche mit den besten Absichten – gar keine Ahnung haben, wer wo steht (inklusive ihrer selbst). Change Management ist deshalb die Königsdisziplin der Führung, weil Menschen unter Veränderung alles und jedes wie unter einer Lupe betrachten. Es gibt eine stark erhöhte Beobachtung des Verhaltens des Umfeldes und natürlich vor allem der Führungskräfte. Und alles wird an den eigenen Grundbedürfnissen gespiegelt. Sie erinnern sich? Bindung, Sicherheit, Orientierung und Kontrolle, Lust- bzw. Unlustvermeidung. Da spielt die Musik. Führung im Change bedeutet daher, die Grundbedürfnisse klar im Blick zu haben und darüber hinaus mit sich selbst in einer inneren Klarheit und hohen Stabilität zu sein. Wer keine innere Klarheit hat in Bezug auf den jeweiligen Change, der kann auch keine Klarheit vermitteln und ist auch nicht authentisch. Führung im Change erfordert, dass man nicht von sich und seinen eigenen Bedürfnissen auf andere schließt, sondern Ideen entwickelt, wer was (sachlich wie emotional) braucht, um die Veränderung zu unterstützen und für sich selber umzusetzen.

Effizienz im Change entsteht dementsprechend über eine strukturierte und analytische Auseinandersetzung mit dem inneren Ort, an dem die betroffenen Führungskräfte und Mitarbeiter stehen. Systemische Berater und Beraterinnen führen strukturierte Projekt-Umfeld-Analysen, sog. PUMA, durch oder fertigen gemeinsam mit den Führungskräften Systemzeichnungen (z. B. nach Salvador Minuchin) an. Das sind Werkzeuge um abzubilden, wo die Beteiligten abzuholen sind, um nur zwei Wege zu nennen. Die dadurch gewonnenen Hypothesen sind mit den betreffenden Personen jeweils im Einzelgespräch zu validieren. Auf dieser Basis gelingt situativ effiziente Change-Führung. Das ist aufwendiger als die Ansätze von Change-Kommunikation, die wir in vielen Unternehmen beobachten, aber eben auch deutlich effizienter, weil der *innere Wirt* konsequent analytisch in die Interventionsbildung und in die Change-Führung einbezogen wird.

Fazit: Change braucht einen Change. Und zwar auf allen Ebenen.

Change the Change

Glaubwürdigkeit – erfolgskritischer Faktor Nr. 1

Wenn klare Aussagen über die Zukunft schwierig werden, kommt es darauf an, Sicherheit durch Persönlichkeit zu schaffen.

Burkhard Schwenker

Die Tendenz zur Personalisierung von CEOs nimmt proportional zur steigenden Komplexität zu und hat mittlerweile auch die Aufsichtsratsvorsitzenden erreicht. 60 % aller Medienberichterstattungen über Unternehmen fokussieren inzwischen auf die CEO- und die Aufsichtsratsvorsitz-Rolle. CEOs und Aufsichtsräte stehen dadurch mehr denn je in der Öffentlichkeit und werden dementsprechend stärker in die Verantwortung genommen. Und je weniger Menschen die Komplexität von global agierenden Unternehmen verstehen, desto mehr suchen sie nach stabilen Haltepunkten. CEOs können hier mit ihrer Kommunikation, ihrem Auftreten und ihrer Strategie ebendiese Fixpunkte bieten, wenn sie Orientierung in der Veränderung ermöglichen. Wie kaum ein anderer Faktor (s. Kapitel *„Unser Gehirn sortiert aus"*) können CEOs und Aufsichtsräte Glaubwürdigkeit, Verlässlichkeit und Integrität des Unternehmens und seiner Leistungen in einer komplexen Welt repräsentieren.

Das galt auch bislang schon, wenn Unternehmen sich verändern mussten. Im Rahmen der digitalen Transformation ist die Notwendigkeit, dass CEOs und Aufsichtsräte Orientierung bieten, aber exponentiell gewachsen, da zur Unsicherheit „Was passiert mit meinem Unternehmen und mit mir im Rahmen der Veränderung?" noch die allgemeine Unsicherheit in Bezug auf die Digitalisierung hinzugekommen ist (die „X% aller Jobs fallen weg!"-Bedenken). Wie gehen CEOs nun mit diesen veränderten Anforderungen um? Gibt es eine Glaubwürdigkeits- und Orientierungsstrategie?

Mit dem Thema Glaubwürdigkeit kommen wir zu einem der relevantesten Themen für die Veränderung der CEO-Rolle überhaupt. Im Zeitalter von Fake News, steigender Komplexität und deutlich erhöhtem Veränderungsdruck bleibt der integre Mensch, der glaubwürdig ist (weil er tut, was er sagt und sagt, was er tut) und glaubhafte Strategien entwickelt, der stabile Anker für andere. Das ist mehr denn je *die* Grundlage für Veränderung.

Schaut man auf diverse Erhebungen zur Wahrnehmung des Themas Glaubwürdigkeit innerhalb der Unternehmen, sieht es düster aus. Studien renommierter Beratungsunternehmen aus den Jahren 2012 bis 2018 haben in internen Befragungen sehr kritische Werte für die Glaubwürdigkeit des Topmanagements ermittelt. So orientieren sich nur 11% der Führungskräfte an der Meinung des Topmanagements. Der Austausch mit Kollegen und Kolleginnen sowie das Vertrauen in die eigene Intuition und Erfahrung sind aus Sicht der befragten Führungskräfte deutlich wichtiger. Die Untersuchung von Nico Rose, #ArbeitBesserMachen, bestätigt diese Ergebnisse dem Grunde nach. Seine Erhebung ermittelt, was den Deutschen die Arbeit vermiest. Auf dem dritten von insgesamt 30 Plätzen platziert sich das mangelnde Vertrauen des Gros der Mitarbeiter gegenüber den Führungsetagen ihrer Organisation.

Zwei Drittel (65%) der CEOs weltweit gehen einer Umfrage von KPMG zufolge sogar selbst davon aus, dass das Vertrauen der Öffentlichkeit in unternehmerische Entscheidungen in den nächsten drei Jahren stagnieren oder weiter sinken wird. Die große Mehrheit (74%) der Entscheider will darauf mit stärkerem Engagement in den Bereichen Vertrauen, Unternehmenskultur und Integrität reagieren und so den unternehmerischen Erfolg langfristig sichern. Nach einer Untersuchung der

PR-Agentur Fleishman-Hillard, die seit 2013 die sog. Authenti-city Gap erhebt, hält jeder vierte Deutsche jegliche Form von Information mittlerweile für unglaubwürdig. Vor allem die Werte für CEOs sind schlecht – diese gelten nach Aussage der Befragten als nicht vertrauenswürdig: Gerade einmal 9 % der Deutschen vertrauen den Aussagen von Vorständen und Ge-schäftsführern. Mit gerade mal 6 % wird nur den Politikern noch weniger geglaubt. Dabei nehmen laut Studie knapp 73 % der Verbraucher die Integrität und das Verhalten der Vorstände und Geschäftsführer als Gradmesser des Unternehmens.

Sinkende Glaubwürdigkeit bei gleichzeitig – aufgrund von stei-gender Komplexität – erhöhtem Bedarf an Glaubwürdigkeit. Das ist die Herausforderung für CEOs und ihre Kommunikations-strategien. Um hier die notwendige Transformation unter kom-plexen Umfeldbedingungen erfolgreich zu gestalten, werden CEOs, die über eine große menschliche und fachliche Glaubwür-digkeit verfügen (s. zu den neurobiologischen Voraussetzungen das Kapitel *Wie wir unser Erleben konstruieren*) deutlich im Vor-teil sein. Das bedeutet, dass das Thema Kommunikation auch intern einen überproportional wichtigen Stellenwert einnimmt. Aussagen müssen daran gespiegelt werden, ob sie die Glaubwür-digkeit ausreichend bedienen, um die für Veränderung notwen-dige Stabilität nicht zu gefährden. Die Menschen müssen CEOs erleben, um ihre Glaubwürdigkeit einschätzen zu können. Inter-views in Mitarbeiterzeitschriften reichen da nicht aus. Auch die Operationalisierung von Kommunikation über die Führungs-ebenen ist dazu kaum geeignet. Es geht um echte Begegnungen.

Folgen *wollen* – nicht müssen – lautet die Devise unserer Zeit.

Wer verändern will, muss sich selbst verändern

Wenn Sie immer das tun, was Sie bisher getan haben, werden Sie auch nur das bekommen, was Sie bisher bekommen haben.

Anthony Robbins

In den vergangenen Jahren hat sich das Topmanagement dem Thema Change eher logisch-rational und aus der Distanz gewidmet und die Steuerung an Manager, Berater und Change-Spezialisten delegiert. „Stakeholder des Wandels" oder „Promoter des Wandels" oder schlicht „Lenkungsausschussvorsitzender" sind typische Rollenbezeichnungen der vergangenen Jahre, durch die die Distanz zum Umsetzungsprozess an sich verdeutlicht wurde. Das fatale Ergebnis: (empirisch belegte) Abkopplungseffekte zwischen den Hierarchieebenen und den Mitarbeitern sowie eine sinkende Glaubwürdigkeit des Topmanagements.

Diese Art des Vorgehens hat eine bereits im ersten Kapitel erläuterte Grundmaxime außer Acht gelassen: Entscheidungs- und Handlungsimpulse, vor allem solche für Veränderungen, kommen immer aus der Emotion (der *innere Wirt*). Die Art und Weise, wie Mitarbeiter emotional beim Wandel mitgenommen werden (v. a. über Sinn, Verstehbarkeit und das Gefühl von Bewältigbarkeit), bestimmt den Erfolg, ganz gleich wie rational und logisch begründbar das Ganze sein mag.

Die anstehende umfassende organisationale, kulturelle und soziale Veränderung in Unternehmen (Agilitätsentwicklung, unternehmerischer Mut, Selbstorganisation etc.) gelingt unter sorgfältiger Beachtung psychologischer und neurobiologischer Prämissen und durch eine konsequente Überführung dieser Grundsätze in die Führung und die Gestaltung von Change. Auf der Tool-Ebene wird – mit Ausnahme von systemischen Beratungsansätzen – nach wie vor klassisches, methodisches Change-Management-Handwerkszeug eingesetzt, das belegen diverse Studien zum Thema. Es braucht anstelle dessen entwicklungsoffene Prozessdesigns, kontinuierliche Szenario-Arbeit und die Entwicklung diverser Zukünfte in Form von kleinen, überschaubaren Change-Experimenten für die signifikante Steigerung der Entwicklungsvarianz der Organisation und ihre kontinuierliche Veränderung.

Auf der methodischen Seite gibt es bereits erfolgreiche Ansätze, in die diese Grundmechanismen aufgenommen wurden, u. a. „Design Thinking", das über ein möglichst frühes Rapid Prototyping die Entwicklungsvarianz deutlich erhöht, oder die „Schnellboot-Lösung aus dem Effectuation-Ansatz", um Lösungsvorschläge rasch handhabbar zu machen, und schließlich (hypno-)systemisches Change Management, das die unbewussten Steuerungsprozesse von Individuen und Gruppen in Veränderungsprozessen strukturiert einbindet in die Prozessgestaltung, um nur drei neue Ansätze zu nennen. Diese Logiken müssen auf Veränderungsprozesse übertragen werden, damit eine agile Bewegung überhaupt erst entstehen kann. Aber die Methodik ist nur eine Seite der Medaille.

Es stellt sich hier also konkret die Frage, wie die CEO-Rolle in Bezug auf Veränderungsmanagement künftig aussehen sollte. Denn: Wer jetzt immer noch die gleiche distanzierte Haltung bei der Steuerung einnimmt, wird auch nach wie vor die gleichen Ergebnisse bekommen.

Alexander Birken, CEO der Otto Group, hat seinem Unternehmen angesichts der konkreten betriebswirtschaftlichen Bedrohung für seinen Konzern durch Amazon & Co. einen radikalen Kulturwandel verordnet. Die Veränderung der Vorstandsrollen war ein hochrelevanter und integraler Bestandteil dieser Veränderung. „Wir machen das nicht, damit unsere Mitarbeiter glücklich sind, sondern um zu überleben", so seine Aussage auf der Work Awesome in Berlin, mit der er sich explizit auch in seiner Rolle an die Spitze der Bewegung gestellt hat. Seiner Ansicht nach geht es eben nicht nur um agile Skills und Methoden, sondern vor allem um Haltung. Und diese muss durch den Vorstand glaubwürdig vertreten werden.

Die digitale Transformation ist viel zu umfassend, als dass sie mit dem bisherigen Handwerkszeug erfolgreich gestaltet werden könnte (nicht, dass dieses Handwerkszeug bei bisherigen Change-Prozessen besonders erfolgreich gewesen wäre). Lineare Prozessgestaltung und delegierte Prozesse, die mehr von außen als von innen gesteuert werden, werden zu einer weiter sinkenden Erfolgsquote führen.

Mehr denn je bedeutet Change heute, mutig ins Ungewisse aufzubrechen. Das ist nicht jedermanns Sache. Und nach wie vor gibt es kein Patentrezept. Wer geht voran? Wem folgt man, weil man glaubt, dass diese Person einen Weg finden wird? Wie wir aus der Entrepreneur-Forschung wissen, gelingt dies Unternehmern und Unternehmerinnen deutlich besser als angestellten Vorständen, weil sich Unternehmer offensichtlich mehr auf ihre Intuition als auf methodisch ermittelte Fakten verlassen und zumeist deutlich näher am Kunden agieren, so auch die Forschungsergebnisse von Sarasvathy. Diese Fähigkeiten sind künftig auch und gerade in Veränderungsprozessen gefragt.

Viele der vorgenannten Erkenntnisse sind nicht neu. Wann werden sie so relevant, dass Sie und Ihre Kolleginnen und Kollegen bereit sind, auch Ihre bewährten Change-Muster zu verändern? Als Berater fühlt man sich dann doch manchmal wie der Arzt, der seinem Patienten eindringlich das hohe Herzinfarktrisiko spiegelt und ihn dringend zu einer Verhaltensänderung aufruft. Und darauf hofft, dass der Patient, der das kognitiv unzweifelhaft verstanden hat, auch emotional zu einer Verhaltensänderung bereit ist.

Sinn für Veränderung entsteht aus der Zukunft

Würde man den Mitarbeitern, statt nur zu sagen, was sie zu tun haben, öfter erklären, wozu sie das tun, dann wären wir schon viel näher an der agilen Organisation als mit jeder agilen Methode.

Markus Reimer

Den Sinn für eine Veränderung (das *Wofür*) und einen starken Bezug zum Ziel können Menschen nur aus einem für sie tragfähigen Zukunftsbild entwickeln. Da es aber aufgrund der Ungewissheit zumindest kein stabiles Bild von der Zukunft gibt, ist es wichtig, alternative stabile Faktoren wie z. B. Werte und Sinn ins Spiel zu bringen („Wofür erstellen wir dieses Produkt bzw. erbringen wir diese Dienstleistung?") sowie psychologische Sicherheit über Führung etc. herzustellen.

Ein einfaches Beispiel: Gerade weil uns Wissenschaftler die Zukunft nicht vorhersagen können, ist es sinnvoll, in Entwicklungen zu investieren, die uns sicherer im Umgang mit der Zukunft machen, wie z. B. in den Supercomputer DGX-2, mit dessen Hilfe

Unwetterkatastrophen besser vorhersagbar sind und dessen KI uns hilft, die Katastrophenhilfe besser zu koordinieren.

Darüber hinaus braucht es die Etablierung von etwas, das man „Etappen-Zukünfte" nennen könnte. Denn ganz ohne Zukunftsbild geht es nicht, wie wir am folgenden Beispiel sehen. Die Studie „Karriereziele 2018" zeigt einen für viele Unternehmer wahrscheinlich beunruhigenden Trend: Von den 1.022 befragten Bundesbürgern wollen nur 10 % ihre Digitalkompetenz ausbauen. Ohne eigenes Ziel- und Zukunftsbild gibt es offensichtlich keinen Wunsch, sich in dieser Richtung zu entwickeln. Gleiches ergibt sich aus einer Bitkom-Studie von 2017. Dieser Studie zufolge fühlen sich 16 Mio. Deutsche von der Digitalisierung fachlich und inhaltlich überfordert. Das bedeutet, dass bislang produktive Menschen zu „veraltetem Humankapital" werden könnten.

Die im Wirtschaftsforum in Davos etablierte Initiative „Closing the Skill Gap 2020" ist erst der Anfang, um eine umfassende Qualifizierungsoffensive zu starten und die künftig benötigten Kompetenzen zu schulen. Der verzweifelte Ausruf „Ihr müsst, sonst werdet ihr abgehängt!" ist bislang kaum erhört worden – dieser Eindruck entsteht zumindest, wenn man sich in den Unternehmen umschaut. Das Bundesarbeitsministerium will nun mit einem Recht auf Weiterbildung gegensteuern. Damit legt man die Verantwortung allerdings in die Hände der Arbeitnehmer. Ob diese sich dann zielgerichtet im Sinne der unternehmerischen Zukunft weiterbilden, ist mehr als fraglich. Die Unternehmensberatung Deloitte hat in einer groß angelegten Umfrage 15.000 europäische Arbeitnehmer zur Zukunft der Arbeit befragt. Die Meinung, dass sich die Arbeitswelt derzeit fundamental verändert, teilte kaum einer der Befragten. Vielmehr erwarteten knapp zwei Drittel, dass sich ihr Arbeitsplatz in den kommenden zehn Jahren nur geringfügig verändern wird. Jeder achte sogar geht davon aus, dass alles so bleibt, wie es ist. Und nur 20 % der 15.000 Befragten erwarten, dass völlig andere Kenntnisse und Fähigkeiten für ihren Job notwendig sein werden. Eine weitere wichtige Erkenntnis aus dieser Umfrage: Den Arbeiternehmerinnen und Arbeitnehmern fehlt die Orientierung, in welche Richtung sie sich weiterbilden sollten. Hier ist nicht nur die Politik, sondern auch die Unternehmen sind gefragt. Und da die es auch nicht wirklich wissen, braucht es einen szenarischen Angang, diverse szenarisch aufgebaute Zukunftsbilder zur Welt von morgen und den Rückschluss auf benötigte Kompetenzen. Das McKinsey Global Institute hat diesen Versuch mehrfach gestartet. Jetzt sind neben den CEOs auch die Personalbereiche gefragt, aus ihrer herkömmlichen Weiterbildungssystematik herauszutreten und neue Formate zu entwickeln.

Zu beobachten ist, dass viel Geld investiert wird in die Vermittlung „agiler Methoden", dies allerdings im Rahmen bestehender Aufbaustrukturen und etabliertem Führungsverhalten. Ein Missverständnis. Ein Unternehmen kann von A–Z agile Methoden anwenden und ist doch kein agiles Unternehmen. Ebenso verhält es sich mit einzelnen Menschen. Ich kann jeden Kurs dazu besuchen und werde daher Profi in der Anwendung agiler Methoden. Und dennoch bin ich dann nicht automatisch ein agil handelnder Mensch. Für die Veränderung innerer Handlungsmuster (dem *inneren Wirt*) von Mitarbeitenden und Führungskräften braucht es ein klares *Wofür*. Und das kann nur aus einer zukunftsorientierten Strategie heraus abgeleitet werden, die nicht den Status quo fortschreibt, lediglich garniert mit agilen Methoden.

Mit Sinn, Unterstützung und Rückendeckung ausgestattet, sind Menschen bereit, sich zu verändern. Und wenn sie in dieser Bereitschaft durch Führungskräfte unterstützt werden, die selbst bereit sind, sich zu verändern und weiterzuentwickeln, wird die Veränderung auch gelingen. Das fängt allerdings bei Ihnen in Ihrer Rolle an und betrifft auch Ihr Umfeld (Shareholder, Aufsichtsräte etc.). Es ist unerlässlich, dass Sie oder einer Ihrer Aufsichtsräte die digitale Transformationsstrategie aus dem Stand heraus erläutern und die dafür notwendigen Kernveränderungen benennen können.

Bei allem ist zurzeit noch Luft nach oben.

Abschied von der Dringlichkeit

Uber yourself before you get kodak'ed.

Sinnspruch aus dem Sillicon Valley

Das Gerücht, dass Menschen sich verändern, wenn sie nur die Dringlichkeit zur Veränderung erkannt haben, hält sich hartnäckig. In Deutschland führt diese postulierte Dringlichkeit derzeit (noch) nicht dazu, dass sich die Unternehmen scharenweise auf den Weg machen. Wie geht es Ihnen in Ihrer Rolle, wenn Sie lesen, hören, sehen: „Unternehmen, die jetzt nicht vollständig digital transformieren, werden abgehängt und untergehen etc."? Ist das für Sie handlungsleitend? Welche Maßnahmen haben Sie bislang angesichts dieser Drohkulisse ergriffen? Wir erinnern uns an Kodak, HMV und all die anderen Unternehmen, deren Chefs die neuen Trends für „ausgemachten Blödsinn" gehalten haben.

John Kotter, renommierter Harvard-Professor, etablierte den sog. Sense of urgency als hochrelevanten Veränderungsfaktor in seiner Acht-Faktoren-Methode. Auch heute noch wird ein Großteil von Veränderungsprozessen auf einer kritischen Dringlichkeit aufgebaut, in der Hoffnung, dass die beteiligten bzw. betroffenen Menschen sagen: „Aha, ich habe verstanden. Wenn wir nichts tun, werden wir ...". Und ihr bisheriges Verhalten zugunsten des neuen, gewünschten ablegen. Die niedrige Erfolgsquote von solcherart angestoßenen Veränderungsprozessen spricht hier Bände.

Am Beispiel der digital-kulturellen Transformation lässt sich das gut nachvollziehen. Es gibt einige valide Studien, die

Change the Change

beschreiben, dass die in deutschen Unternehmen vorhandenen digitalen Kompetenzen nicht ausreichen, um in Zukunft wettbewerbsfähig zu bleiben, so z. B. die Studie „Skill Shift – Automation and the future of the workforce" des McKinsey Global Institute (MGI), mit der dieses die Fähigkeiten herausgearbeitet hat, die Unternehmen bis 2030 bei ihren Mitarbeitern voraussetzen müssen. Es wurde seitens der Studienautoren ermittelt, dass in den nächsten zwölf Jahren „der Anteil der Arbeit, der technisches Wissen voraussetzt, um bis zu 55 % steigen wird, während immer weniger händische oder motorische Fertigkeiten benötigt werden (minus 14 %)". Soziale und emotionale Kompetenzen werden dahingegen immer wichtiger (plus 24 %). Das ist eine deutliche Verschiebung.

Es gibt zwar zarte Pflänzchen von Initiativen (u. a. „Closing the Skill Gap" von 2020), die diese Herausforderung aufgreifen und erste Kompetenzinitiativen in Unternehmen anstoßen. In Anbetracht der durch Studien erwiesenen Dringlichkeit beim Thema „Skill Gap" kann man allerdings bei diesen ersten Initiativen in keiner Weise von einer adäquaten Reaktion sprechen. Wie kommt es zu dieser Diskrepanz? Werden diese Studienerkenntnisse über künftig benötigte Digitalisierungskompetenzen von deutschen CEOs überwiegend nicht geteilt? Oder werden sie geteilt, aber ohne irgendwelche Ideen, wie man diese Veränderung (finanziell und bezogen auf die Ressourcen) gestalten soll? Oder kommt die Dringlichkeit gar nicht bei den Verantwortlichen an?

Die Studie „Digitale Transformation 2018" von Etventure und GfK hat 2.000 Führungskräfte befragt, wie sie zum Thema „Digitale Transformation und Change" stehen. Der überwiegende Teil der Führungskräfte versteht die digitale Transformation lediglich als Digitalisierung des bestehenden Geschäftsmodells sowie analoger Prozesse. Gleichzeitig, so wurde ermittelt, schrecken diese Führungskräfte vor einem weitreichenden Change zurück. Denn die größte Herausforderung liegt laut Aussage der Befragten darin, dass in den jeweiligen Unternehmen immer noch an den bestehenden Strukturen festgehalten wird. Was ist jetzt Henne und was Ei? Beschränken die Führungskräfte die digital-kulturelle Transformation etwa selbst – unbewusst – auf eine Digitalisierung des Status quo, weil sie den großen Change fürchten?

Alternativ könnte es auch sein – und diese Hypothese teilen wir –, dass die Erkenntnis, es müsse einen weitreichenden Change auch im Hinblick auf Haltung, Kompetenzen und Skills geben, von den meisten Akteuren zwar geteilt wird, es allerdings (über eine Effizienzoptimierung hinaus) kein valides Zukunftsbild von der digitalen und kulturellen Veränderung ihres Unternehmens gibt. Und ohne Zukunftsbild bleibt alles beim Alten – so lange, bis es kriselt.

Menschen sind Sinnwesen. Sie brauchen ein *Wofür*, und der „Sense of urgency" führt in den seltensten Fällen zu einer strukturierten Weiterentwicklung von Kompetenzen. Vielmehr aktiviert er die gehirneigene Alarmanlage, sodass zumindest auf unbewusster Ebene Flucht-Bewegungen ausgelöst werden. Die Vorstellung, dass Menschen sich nicht verändern, weil es eben nicht dringlich/leidvoll genug war, ist eine, empirisch allerdings nicht belegte, Binsenweisheit. Nach unserer Beobachtung liegt es in Unternehmen deutlich häufiger an der fehlenden Sinnvermittlung als an der nicht ausreichenden Dringlichkeitsvermittlung. Einen „Sinn für den Sinn der Veränderung" zu schaffen, ist der deutlich wirksamere (aber natürlich auch aufwendigere) Weg, Menschen zu aktivieren und sie dazu zu bringen, sich trotz Unsicherheit zu verändern. Und – das hatten wir schon – der Sinn für den Sinn, also das *Wofür* muss glaubwürdig sein, ebenso wie die Person, die ihn vermittelt.

Nichts Neues für Sie? Und Sie haben es dennoch nicht umgesetzt? Dann sollten Sie reflektieren, warum sich diese elementaren Erkenntnisse nicht in der Konzeption und Steuerung der Veränderungsprozesse in Ihrem Unternehmen wiederfinden lassen. Wie erklären Sie sich das Auseinanderfallen von Erkenntnis und Handlung? In jedem Fall werden Sie als Person gebraucht, um die notwendige Stabilität bei all der angestrebten Veränderung zu vermitteln.

In Kürze:

Veränderungsansätze für Strategiearbeit und Management

→ Werten Sie kritisch aus, wie oft Sie unternehmerische Veränderungsvorhaben erfolgreich ins Ziel geführt haben und welche persönlichen und unternehmerischen Erfahrungen Sie mit Change Management gemacht haben.

→ Machen Sie sich Gedanken darüber, welche Vorstellungen Sie von den künftigen Herausforderungen von Veränderungsprozessen haben und welche Rolle Sie in diesem Prozess einnehmen bzw. einnehmen sollten.

→ Wie sieht Ihr Unternehmen in der Zukunft aus? Legen Sie ein attraktives Zielbild fest. Falls Sie sich weniger mit nachhaltigen Zielbildern als vielmehr mit der Bewältigung des Alltags beschäftigen, dem täglichen Kampf um das Erreichen der Planzahlen und weiteren Möglichkeiten zu wachsen – und gleichzeitig Effizienz zu generieren –, sollten Sie Ihr Zeit- und Prioritäten-Management überdenken.

→ Schaffen Sie sich Freiräume zum Denken. Das ist Ihre wichtigste Aufgabe! Mit klugen Menschen aus unterschiedlichsten Disziplinen. So gelingt die Entwicklung von glaubwürdigen Zukunftsbildern, zu denen auch Führungskräfte und Mitarbeiter und Mitarbeiterinnen einen eigenen Zielbezug, ein *Wofür* aufbauen können.

→ Argumentieren Sie nicht aus einer Dringlichkeit heraus, sondern mit möglichen Chancen und attraktiven Zukunftsbildern. (Denn Sie wissen ja ab jetzt: Der *innere Wirt* beschäftigt sich sonst mit Verlustaversionen.)

→ Entwickeln Sie ein klares Bild von der künftigen Kompetenzverschiebung bei den Führungskräften und Mitarbeitern Ihres Unternehmens.

→ Lassen Sie sich ein Kompetenzentwicklungskonzept für die benötigten Management-, Führungs- und Fachkompetenzen für Ihr Unternehmen erarbeiten. Leiten Sie konkrete Maßnahmen ein, um die benötigten neuen Kompetenzen unternehmensweit zu trainieren und ihre Entwicklung zu messen.

Fazit und Veränderungsansätze

Individuelle Veränderungsansätze in der Managementrolle:

→ Ermitteln Sie kritisch Ihre eigenen Veränderungskompe- 114
tenzen im Hinblick auf die künftigen Herausforderungen
Ihrer Rolle, damit Sie ihr gerecht werden und neue Impulse
setzen können.

→ Reflektieren Sie kritisch, ob Sie bislang inhaltlicher Sinnstifter für die digital-kulturelle Transformation oder die sonstige
Veränderung Ihres Unternehmens waren.

→ Legen Sie diejenigen Kerninhalte fest, die intern wie extern
den stärksten Hebel in der Kommunikation zur Veränderung
Ihres Unternehmens bieten.

→ Entwickeln Sie mit Ihrem Kommunikationsbereich eine Strategie im Umgang mit dem Thema „Glaubwürdigkeit" zur Vermittlung dieser Kerninhalte.

→ Machen Sie einen Glaubhaftigkeits-Check für die digital-
kulturelle Transformationsstrategie in einem offenen Dialog
mit kritischen Führungskräften und Mitarbeitern.

→ Lassen Sie selbst sich ebenfalls spiegeln, als wie glaubwürdig Ihre Kommunikation wahrgenommen wird.

Das ist nicht leicht, aber extrem lohnenswert, wenn man den
Change effizient gestalten will!

AGIL

KONTROLLE

Old Work – New Work

Denn das Gefährliche ist ja, dass man gerade im New Work das Moralische, das Sinnvolle, das Zukunftsweisende auf seiner Seite wähnt. Aber wer Moralisierung mit Argumentation verwechselt, ist nicht diskursfähig, sondern überzieht andere mit Tugendterror. Und das hat kein Kunde verdient.

Markus Väth

Was ist eigentlich „New Work"? Wir starten mal mit dem, was es nicht ist: New Work besteht nicht nur aus agilen Methoden. New Work zu implementieren bedeutet nicht, einen Berater zu beauftragen und an diesen bzw. das Management einen Veränderungsprozess zu delegieren, um „agile New-Work-Methoden" einzuführen. New Work ist nicht „die gute Welt" und die aktuelle Unternehmensgestaltung daher auch nicht die böse Welt. Und New Work beschränkt sich auch nicht auf eine vermeintlich freie Arbeitszeitgestaltung dank technologischer Fortschritte oder der Arbeit in sog. Workspaces (vormals Büros).

Unsere – von vielen geteilte – Kernthese: „New Work" heißt „New Culture". Und zwar ohne Kompromiss. Markus Reimer bringt es sch(m)erzhaft auf den Punkt: *„Wenn Führungskräfte einerseits eine agile Organisation haben und andererseits in dieser die volle Kontrolle behalten wollen, dann ist das so, als wünschte man sich einen eisigkalten sonnigen Regentag."*

Starten wir am Anfang der Bewegung. Der Erfinder der New Work, der amerikanische Philosoph Frithjof Bergmann, entwickelte seine Ansätze in den 1980er-Jahren auf der Grundlage seiner kompromisslosen Kritik an der Lohnarbeit, und zwar mit einer Art Drei-Säulen-Ansatz: Rückbau der Lohnarbeit, mögliche Selbstversorgung und das Verfolgen einer beruflichen Vision. Die Kapitalismuskritik, die diesem Modellansatz zugrunde liegt, ist so fundamental, dass wir sie an dieser Stelle aussparen, denn sie hat aktuell nichts mit der in den Unternehmen vorzufindenden Debatte über New Work zu tun. (Das ist eigentlich bedauerlich, da es eine Umkehr der Kapitalismusspirale in ihrer jetzigen Form wird geben müssen – nicht nur zum Wohle der Menschen, sondern auch für den Erhalt der Umwelt. Und irgendwie wissen das auch alle.)

Der Bergmanns Konzept bzw. dessen dritter Säule zugrunde liegende Gedanke einer eigenen beruflichen Vision für jeden Mitarbeiter wird hingegen mit der aktuellen Diskussion zu Purpose/New Work begegnet. Alles braucht einen Sinn. Auch wir haben in diesem Buch unablässig darauf hingewiesen (unser *Wofür*). Allerdings können Menschen recht gut unterscheiden, ob dadurch nur der Käfig vergrößert und dank Popcorn-Automat und Tischtennisplatte nur ein noch komfortablerer Käfig wird, oder ob es um echte Partizipation, Selbstorganisation und Abgrenzungsfreiheit geht. Ein Personalleiter eines renommierten Unternehmens sagte kürzlich zu mir: „Das ist dann wie Kino bei uns. Es gibt Popcorn und wir schauen gemeinsam Game of Thrones." Ich bin mir ehrlich gesagt nicht sicher, ob diese Vermischung von Beruf und Freizeitvergnügen von Arbeitnehmern wirklich gewünscht ist. De facto läuft es in dem betreffenden Unternehmen als „New Work"-Maßnahme.

Markus Väth bezeichnet New Work als erste humanzentrierte Arbeitsphilosophie, welche die moderne Arbeitswelt mit dem Wesen des Menschen verbindet. Gleichzeitig erklärt er sich die mangelnde tiefgreifende Umsetzung (jenseits von Popcorn und freier Arbeitsplatzwahl) damit, dass New Work für die Unternehmen eine unsichere Wette auf die Zukunft darstellt. Und damit wären wir wieder beim Umgang mit Unsicherheit aus unternehmerischer Sicht. Und natürlich beim *inneren Wirt*. Die Frage, ob man im Unternehmen New Work (was das dann auch immer bedeuten würde) einführen soll, lässt sich mit einem Beispiel aus bisherigen Werte- und Leitbildprozessen in Unternehmen beantworten. Diese in der Regel mit großem Elan gestarteten Prozesse scheitern an mangelnder Aufmerksamkeitskonstanz oder schlichtweg daran, dass sie nicht durch das Management umgesetzt werden. Und die eintretende Enttäuschung auf Mitarbeiterebene ist groß, bis hin zu einem sich einschleichenden Zynismus. Unser ständiger Rat: Leitbilder, Werte, Purpose-Diskussionen startet man im Unternehmen nur dann, wenn die Unternehmensspitze es wirklich ernsthaft will und bereit ist, sich selbst in ihrer Vorstandsrolle wesentlich zu verändern. Das lässt sich eins zu eins auf New Work übertragen. Die demotivierende Wirkung der Aufstellung von Popcornautomaten bei gleichbleibendem Führungsverhalten kostet das Unternehmen viel Geld, Engagement und Bindung.

Was wäre eine grundsätzlich machbare Marschroute? Am ehesten wohl das Herstellen von Umfeldbedingungen, in denen Menschen erfüllt eine Vision des Unternehmens teilen können, weil diese für sie Sinn ergibt und gehaltvoll ist und weil sie als Mitarbeiter aktiv an der Umsetzung teilhaben können (zur daraus resultierenden produktivitätssteigernden Wirkung gibt es übrigens unzählige valide Studien). Das Neue an New Work ist, dass im besten Fall eine Agilität ermöglicht wird, die die kollektive Intelligenz herausfordert für die Suche nach gemeinsamen Lösungen und Entwicklungen. Und – das ist die zweite wichtige Komponente – ein Umfeld, in dem sich die Menschen gut abgrenzen können und dürfen und die Arbeit nicht der hauptbestimmende Faktor in ihrem Leben ist. Diese Anforderung an das Umfeld bekommt übrigens in der Realität schlechte Noten: Verlängerte Erreichbarkeit (die Technik macht's möglich), weit über den Feierabend hinaus, bei gleichzeitigem Festhalten an der Präsenzpflicht am Arbeitsplatz. Das nennt sich Entgrenzung und nicht New Work. Laut Aussage der Bundesregierung wurde im Jahr 2017 so viel Mehrarbeit geleistet wie seit 2007 nicht: Die Beschäftigten häuften 2.127 Mio. Überstunden an, von denen allerdings nur etwa die Hälfte vergütet worden sei. Etwa eine Mrd. Stunden blieb unbezahlt. Dass der EuGH nunmehr die Arbeitszeiterfassung wieder einführt, ist unter Umständen auch als Antwort auf diese Entgrenzung der Arbeit zu verstehen.

New Work ist eine Haltung, eine Philosophie, ein Prinzip. New Work ist nicht delegierbar. Und für diejenigen CEOs, denen diese Haltung fremd ist, wird es Zeit, sich selbst als CEO in Bezug zu diesem Phänomen zu setzen, eine eigene Haltung und – daraus resultierend – einen Weg für die eigene Organisation zu skizzieren. Es gibt weder eine Benchmark noch ein einfaches Rezept. Sinn für New Work entsteht aus konkreten Zukunftsbildern und der Antwort auf die Frage nach dem „Wofür?" – sowohl bezogen auf den Sinn als auch auf die jeweils spezielle Funktion. Und die können nur Sie für Ihr Unternehmen beantworten!

Hierarchie bietet Sicherheit und Orientierung – und künftig?

Hierarchie ist eine Art des Miteinanders. Man kann Hierarchie abbauen, ohne Führungsebenen zu entfernen.

Felizitas Graeber

Bevor wir uns in Form von holokratischen, soziokratischen und demokratischen Organisationsstrukturen von der klassischen Hierarchie verabschieden, ist es wichtig zu verstehen, welche menschlichen Grundbedürfnisse hierarchische Strukturen bedient haben – und wie diese Grundbedürfnisse auch in agileren Aufbaustrukturen der Zukunft befriedigt werden können. Wenn wir hier von Hierarchie sprechen, tun wir das übrigens wertneutral im Hinblick auf ihre ursprüngliche Funktionalität. Und nicht, um die negativen Verhaltensaspekte hervorzuheben, die sich auch im Kontext von Hierarchie („hierarchisches Verhalten") etabliert haben. Das wird leider häufig in einen Topf geworfen und erschwert das Finden von Lösungen zu Organisationsformen der Zukunft immens. Diese Aspekte werden bei unseren Ausführungen klar voneinander getrennt.

Es gibt viele Beispiele zur Einführung agiler Methoden, bei denen die implizite Suche nach Hierarchie offenbar wird, so z. B. ein

Team von jungen Unternehmern, die sich mit beeindruckendem wirtschaftlichem Erfolg selbstständig gemacht ("im Flow gegründet") und nun im Rahmen ihrer Management-Tätigkeiten Schwierigkeiten hatten, im Partnerteam Entscheidungen zu treffen. Das demokratische Experiment endete relativ schnell mit dem Wunsch an die Berater, doch bitte sehr straff zu moderieren, damit eine Entscheidungsfindung möglich sei ... Auf unbewusster Ebene manifestierte sich bei den einzelnen Beteiligten der Duck, in diesem Management-Team Entscheidungen treffen zu müssen, obwohl die Entscheidungsfindungen als lähmend und ineffizient erlebt wurden. Es verwundert dementsprechend nicht, dass in der Folge viele Management-Sitzungen ausfielen, weil z. B. gerade einmal wieder so viel los war. Bei der Konfrontation mit dieser Hypothese war ein leises "Das war halt früher leichter, wenn jemand eine klare Ansage gemacht hat ..." zu hören. Aufgegeben haben wir im Beratungsprozess dennoch nicht, sondern weiterhin intensiv mit dem Management-Team daran gearbeitet, in nicht hierarchischer Umgebung methodisch untermauerte, qualitativ wertvolle, kompetente und zeitgerechte Entscheidungen treffen zu können.

Diese Erfahrung korrespondiert mit den Beobachtungen von Frederic Laloux, dem Entwickler von "Reinventing Organizations". Eine seiner Hauptaussagen bezieht sich darauf, dass hierarchiefreies Arbeiten nicht mit Demokratie zu verwechseln sei. Hierarchie dürfe nicht einfach ersatzlos entfallen (soweit dies überhaupt möglich ist), sondern müsse in methodisch kompetente Entscheidungsprozesse überführt werden. Es braucht klare Rollen und Entscheidungs- sowie Verantwortungsformate, um selbstbestimmter arbeiten zu können.

Im Rahmen unserer Recherchen für dieses Buch haben wir viele Unternehmen befragt, die mitten in eigenen "demokratischen Experimenten" (O-Ton einer befragten Geschäftsführerin) stecken und schildern, dass die Diskutiererei die größte Herausforderung neuen Arbeitens sei. Nach Laloux handelt es sich hier um ein weiteres fundamentales Missverständnis: Selbstführung bedeutet eben nicht Entscheidungsfindung durch Konsens!

Das mögen Übergangsphänomene sein, allerdings sollten bestimmte Aspekte und Bedürfnisse, die bislang über die Hierarchie befriedigt wurden, sich auch in künftigen Organisationsformen wiederfinden. Dafür müssen sie allerdings bekannt oder zumindest reflektiert sein und in einen offenen Diskurs überführt werden. Das ist gar nicht so einfach, weil es da nämlich ganz schön persönlich wird.

Starten wir mit den Grundbedürfnissen nach Sicherheit und Orientierung, die in jedem Menschen verankert sind (unser Bio-Programm). Für Manager und Führungskräfte bietet die Hierarchie grundsätzlich die Möglichkeit, (im besten Sinne) Kontrolle und Sicherheit zu erlangen. Für Mitarbeiter bietet sie (im besten Sinne) Klarheit und Orientierung über die Delegation und Verantwortungsübertragung von konkreten Aufgaben (auch im Rahmen von Hierarchie ist selbstorganisiertes Arbeiten sehr gut möglich, wie wir wissen, und bei guten Führungskräften auch oft zu beobachten). Da wir hier nur von der Aufbaustruktur sprechen und nicht (!) von hierarchischem Verhalten, muss man dieser Organisationsform diese Effekte neidlos zugestehen. Auch beim Thema Effizienz bei der Entscheidungsfindung hat die Hierarchie in punkto Geschwindigkeit die Nase vorn.

Diese Effekte und Grundbedürfnisse müssen bei einem Abbau von Hierarchie auf andere Weise befriedigt werden. Dass dies gut gelingen kann, lässt sich beim Scrum-Ansatz in technischen Umfeldern oder bei holokratischen Ansätzen beobachten, die sehr klare Rollen- und Aufgabenverteilungen vorgeben, um mittels festgelegter Methoden und Prozesse für Orientierung und Sicherheit zu sorgen. Allerdings sind diese Methoden teilweise ähnlich rigide und starr wie die Hierarchie als Ausgangsform. Holocracy „richtig zu machen" bedarf eines langen Beratungsprozesses mit scheinbar unendlich vielen Regeln. Dass im Rahmen der Anwendung dieser Methode ein automatisches Auslöschen von hierarchischem Verhalten erfolgt, halten wir allerdings für ein Gerücht. Wir denken an den *inneren Wirt*, der das hierarchische Agieren nicht nur gewohnt ist, sondern auch als bewährt etabliert und abgespeichert hat. Eine neue Aufbauorganisation ohne Haltungsveränderung führt allein eben nicht zu den gewünschten Effekten.

Aus unserer Sicht läuft es in denjenigen Unternehmen gut, die mit dem Diskurs starten und nicht mit der Einführung einer Methode: Wo sind wir zu starr? Welche Bereiche könnten anders organisiert werden? Wo braucht es eigentlich noch eine hierarchische Struktur und wo kann diese über ein Rollenmodell aufgefangen werden? Fragen über Fragen. „Start with why" – die Kernthese von Simon Sinek gilt hier einmal mehr. Denn nach wie vor hat die Organisationsform nur eine Aufgabe: die kompetente Leistungserbringung zu gewährleisten. Und das funktioniert am besten unter Befriedigung der Grundbedürfnisse der in der Organisation handelnden Menschen. Dann können sie ihr Bestes geben.

Es gibt mittlerweile einige Unternehmensbeispiele, die sich nachhaltig umgestellt haben. W. L. Gore, Buurtzorg oder Morning Star haben sich mit ihren selbstorganisierten Strukturen durch alle Krisen hindurch als sehr widerstandsfähig erwiesen, und die Hierarchien wurden per Organigramm (Laloux nennt sie „Machthierarchien") durch fachbasierte Hierarchien ersetzt.

Welcher Weg auch immer es für Ihr Unternehmen wäre: Beachten Sie in jedem Fall die eigenen Bedürfnisse nach Orientierung und Kontrolle – ebenso wie die Ihres Management-Teams und Ihrer Mitarbeiter und Mitarbeiterinnen. Jedes neue Arbeitsformat sollte Antworten auf diese Bedürfnisse finden. Diskutieren Sie über die funktionale Sinnhaftigkeit von Organisationsformen und bieten Sie einen offenen Dialog darüber an, und zwar nicht nur in Ihrem Management-Team, sondern auch mit Führungskräften und Mitarbeitern. Das bedeutet nicht, einen Bottom-up-Entscheidungsprozess über die neue Organisationsform zu starten. Sondern es bedeutet, Kontakt zu den Menschen in Ihrem Unternehmen aufzunehmen, die aus einer anderen Rolle und damit auch aus einer anderen Perspektive auf die Zukunft schauen.

Wechsel der Organisations-form das Allheilmittel?

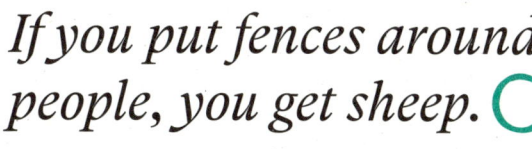

If you put fences around people, you get sheep.

William McKnight

Dass neue Aufbaustrukturen auf jeden Fall Wunder wirken sollen, zielt natürlich auf die Ablösung bisheriger hierarchischer Strukturen zur Bewältigung der Herausforderungen der Zukunft. Ein Organigramm allein bietet aber nur bedingt Orientierung, wie hierarchisch sich die Organisationskultur, also das Verhalten der Menschen, gestaltet. Der Idealfall, die flache Hierarchie, kann über hierarchisches Führungsverhalten ebenso stark einengen wie eine stark ausgebildete Hierarchie, in der aber maximale Freiheitsgrade gewährt werden, und die Agilität und Selbstorganisation fördern kann. Unsere Hypothese: Verhalten schlägt Organisationsform und Organisationsform löst keine Verhaltensprobleme.

In jedem Fall nimmt die Notwendigkeit von Führung zu, je flacher die Organisationsformen gestaltet sind. Da viele Manager den großen Organisationen bedauerlicherweise den Turnaround nicht zutrauen, gründen sie gemäß der Tanker-Schnellboot-Lösung autonome „Skunk Works"-Abteilungen. „Dieses Vorgehen ist jedoch nur selten von Erfolg gekrönt, wenn es Größe mit Kultur verwechselt. Wenn man ein großes, bürokratisches Unternehmen einfach nur in kleinere Bereiche unterteilt, entwickelt dieses deshalb noch lange keinen unternehmerischen Geist", so Gary Pisano von der Harvard Business School. Daimler z. B. hat mit seinem Joint Venture mit dem Wettbewerber BMW eine Mobilitätsdienstleister-Plattform in einem separaten Unternehmen aufgebaut, die im bereits etablierten Wettbewerb bestehen können soll. Innerhalb des Konzerns werden die „Mobility Services" allerdings immer noch als isolierte Einheit beschrieben, was nicht nur daran liegen kann, dass die meisten Mitarbeiter dort „von außen" kommen.

Ohne bewerten zu wollen, ob mittels dieser neuen Organisationsformen die Herausforderungen der digital-kulturellen Transformation deutlich besser zu meistern sind (das wissen wir wie immer sowieso erst hinterher), gibt es zwei erwähnenswerte Subtendenzen, die diesem Diskurs häufig zugrunde liegen und die aus unserer Sicht kritisch zu würdigen sind.

Zum einen sind die Diskussionen um die „richtige" Organisationsform sehr polarisierend und häufig von moralischen Ansprüchen geprägt. In diesen Szenarien wird die Hierarchie zu einem den Menschen nicht würdigenden Konstrukt, welches ausschließlich auf Unterdrückung von Individualismus und auf Direktion ausgelegt ist. Innerhalb dieser Logik sind alle neuen Organisationsformen quasi als eine Art Befreiungsakt zu verstehen, die den Menschen in seiner vollen Entfaltung unterstützen. Zugegeben, dies ist etwas überspitzt formuliert. Doch gerade die Gut-gegen-Böse-Diskussion ist vielerorts zu beobachten und weder zielführend noch hilfreich im Hinblick auf das Ziel künftiger Weiterentwicklung der Organisation und damit auch der Menschen.

Es gibt mittlerweile sogar einige (teils prominent vermarktete) Beispiele zum Pro und Contra der Einführung agiler Methoden und Aufbaustrukturen. Der auch in den Medien präsente Diskurs zu „Richtig oder falsch", der wenig differenziert ist, lässt häufig eines aus: Egal wie sich die Aufbaustruktur verändert – ohne Haltungsveränderung bei den Menschen wird es nicht gehen. Es gibt sogar Unternehmen, in denen Mitarbeiter bereits innerhalb der Hierarchie einen hohen Reifegrad in Selbstorganisation haben und über die neuen Methoden noch deutlich schneller in die Entfaltung kommen. Hier wird dann natürlich die Methode umjubelt. Dann gibt es Unternehmen, in denen die Einführung agiler Methoden zu einem unerwünschten „Laissez-faire" aufseiten der Mitarbeiter führt, weil der entstandene Freiraum missinterpretiert wird oder nicht gefüllt werden kann – oder die Variante, bei der im Rahmen von agilen Methoden informell weiter hierarchisch gesteuert wird. Hier werden Hierarchien nur von New-Work-Methoden überlagert, aber eben nicht grundlegend kulturell transformiert. Die Folge ist eine große Enttäuschung des Managements und die Abwertung agiler Methoden.

„Darüber hinaus gibt es bislang kaum unabhängige empirische Daten, die belegen würden, dass Unternehmen im Falle radikaler Selbstorganisation tatsächlich finanziell bessergestellt wären", so Nice Rose. „Google und Zappos, das US-Vorbild für Zalando, haben mit umwälzenden Managementmethoden experimentiert und mussten zurückrudern. Zappos hat sich verhoben mit der Einführung von Holokratie. Google hatte versucht, ganz ohne Manager auszukommen. Das Experiment wurde nach sechs Wochen gestoppt: Die Mitarbeiter fühlten sich ohne zugehörige Manager mehrheitlich orientierungslos." Das ist seine kritische Bilanz.

Ein positives und gelungenes Beispiel ist das Unternehmen Haufe-umantis, das vor knapp fünf Jahren agile Strukturen und Mitbestimmung – bis hin zur Wahl des Chefs – einführte. Jetzt baut sein CEO Marc Stoffel das Unternehmen erneut um – hin zu autonomen Einheiten, die ohne ihn, den CEO, auskommen.

Ursprünglich als sog. Haufe-Quadrant-Modell gestartet, wurde das Modell nun aufgrund starker Umfeldveränderungen weiterentwickelt.

Anlass für die Veränderung war der Spagat zwischen der Steuerung des Bestandsgeschäftes und dem Wachstum des Innovationsgeschäfts. „Das hat uns zerrissen, weil wir beide Geschäfte in der gleichen Organisationsform managen wollten. Wir haben auf der einen Seite Mitarbeiter, die sich mit neuen Projekten ins Abenteuer stürzen wollen, und auf der anderen Seite Menschen, die mehr Beständigkeit suchen. Beiden müssen wir Raum bieten. Mit dem alten Organisationsmodell sind wir daran gescheitert", so die Kernaussage des CEO.

Ein klarer Fall für die „beidhändigen" Steuerungskompetenzen, die wir im Kapitel Ambidextrie beschrieben haben. John Kotter würde nun auf seinen Accelerator zeigen und die Einführung eines dualen Betriebssystems empfehlen. Haufe-umantis hat es anders gelöst. Sie setzten sich mit den Problemen auseinander und entwickelten ihr eigenes neues Organisationssystems namens „Fleat", das im Sommer 2018 gestartet ist.

In Kürze beschrieben, wird das Unternehmen zu einer Flotte aus autonomen Einheiten umgebaut, die auf Missionen gehen – deshalb der Name „Missionsmodell" –, ein Modell, das mit Bildersprache arbeitet. Es gibt unterschiedliche Reifegrade: Eine innovative Wette startet als Floß im Marktcheck. „Die meisten davon gehen unter, aber gewisse Flöße werden zu Ruderbooten, mit den ersten Kunden wird daraus ein Dampfschiff. Und am Ende steht ein Kreuzfahrtschiff, das ein Kerngeschäft symbolisiert. Je nachdem, in welcher Phase das Geschäft ist, braucht es auch unterschiedliche Führungsstile", erklärt Stoffel.

Die Führungsziele passen sich in diesem Modell den jeweiligen Kernbedürfnissen der jeweiligen Phase an. Das nennt sich „Zweckgebundene Führung" bei Haufe-umantis. „Wir bauen keine Organismen für die Ewigkeit, sondern entscheiden, was für den Moment das richtige Führungssystem ist", resümiert der CEO. Die Mitarbeiter dürfen selbst entscheiden, auf welchem Schiff sie fahren wollen. Sie können auch jederzeit zwischen Floß und Kreuzfahrtschiff oder den anderen Modellen wechseln.

Der CEO geht übrigens, nachdem er zunächst gewählt wurde, um sich dann über das neue Modell überflüssig zu machen, demnächst mit seiner Familie auf eine einjährige Weltreise. Wenn er wiederkommt, will er in dem Unternehmen bleiben. Seine Rolle? Offen.

Die Methode ist nur eine Methode. Die Methode an sich hat keine Macht. Das betont auch Laloux, wenn er darauf verweist, dass es eben nicht die Methoden an sich seien, die per se den Unterschied machen, sondern vielmehr die Haltung der CEOs. Erst der Mensch und seine Entwicklungsnotwendigkeiten machen den Unterschied. Und unser Evolutionsprogramm in Sachen Hierarchie in Unternehmen ist nun mal durch die letzten 50 Jahre geprägt. Aber diese Erkenntnis allein treibt keine weiteren Entwicklungen an. Wir müssen genau hinschauen und parallel Entwicklungspläne für Menschen zu konzipieren, damit sie kompetent in agilen Organisationen agieren können. Den weitesten Weg haben mit Sicherheit das Management und die Führungskräfte zu gehen, da sie noch am ehesten in alten „hierarchischen Führungsmustern" gefangen sind. Das Thema löst man jedoch weder über eine Seminarreihe „Agiles Führen" noch über die Einführung einer neuen Methode.

Diese Veränderung fängt beim Vorstand an, findet sich in der Strategie in expliziter Form wieder und ermöglicht dem Management und den Führungskräften echte Unterstützung bei der persönlichen Weiterentwicklung. Dialoge über Haltung und Druck, Ziele und Veränderung sind vonnöten, damit Manager und Führungskräfte Sicherheit und Orientierung in einem neuen (Führungs-)System finden können. Das ist die Voraussetzung dafür, dass sie ihren Mitarbeitern aus einer positiven Grundhaltung heraus begegnen und ihnen Vertrauen in die eigene Selbstorganisationskraft schenken.

Der zweite Subtext der laufenden Diskussion lautet: Machtverhältnisse ändern sich, und daraus ergeben sich Sachzwänge. Den neuen Generationen (Y, Z etc.) wird aufgrund der demografischen Perspektive so viel Positionsmacht eingeräumt, dass man sich – so der Tenor – als etablierte Führungskraft gezwungenermaßen verändern müsse, da man ansonsten die in Zeiten des Fachkräftemangels dringend benötigten Mitarbeiter nicht mehr bekommen werde. Das ist eine machtbasierte (erpresserische?) Perspektive, die aufseiten der Führungskräfte selten dazu führt, dass es eine wirkliche Erkenntnis gibt, ein *Wofür*, die eigene Führung zu verändern und zu verbessern. Und damit fehlt die Grundlage für echtes Leadership.

Ein weiterer Aspekt hemmt das eigenmotivierte Interesse von Führungskräften, ihr Leadership zu entwickeln: Da sie weiterhin tief im Double Bind stecken, festgelegte Ziele (und zwar egal wie (!)) zu erreichen, ist es unmöglich, gleichzeitig die Organisation wie angestrebt weiterzuentwickeln. Das hat schon bei deutlich kleineren Veränderungszielen nicht geklappt. Und es ist erst recht unmöglich bei den jetzt nötigen Veränderungen. Wenn Menschen und gute Führung auch künftig in der Planung der Unternehmen keine Rolle spielen, werden Führungskräfte diesen Zielkonflikt auch künftig zugunsten des größten inneren

Old Work – New Work

Drucks (die Zielerreichung) auflösen, und die Einführung einer neuen Organisationsform kann das nicht kompensieren.

Bringen wir es auf den Punkt. Die Betrachtung und Bewertung einer Organisationsform an sich (mit ihren Vor- und Nachteilen) und der im Rahmen dieser Organisationsform etablierten Verhaltensweisen von Managern und Führungskräften sollte man strikt voneinander trennen und nicht verwechseln. Beides bedarf aus unserer Sicht einer konsequenten Weiterentwicklung. Aber eben nicht moralisch oder machtorientiert konnotiert, sondern funktional in einer Balance von Ziel- und Menschfokussierung, um als Unternehmen fit für die Zukunft zu werden. Sonst schleichen sich subtile Kontrollmechanismen auch in agile und vermeintlich selbstorganisierte Räume ein. Und was wir nicht vergessen sollten: Es gab und gibt sehr gute Beispiele für Führungskräfte, die trotz hierarchischer Strukturen über ihren transformationalen und kooperativen Führungsstil Mitarbeiter in ihren Höchstleistungen unterstützen, indem sie ihnen unter anderem Freiräume und Platz für Innovationen geben. Das Stichwort lautet hier: Vertrauen.

Wie viel Änderung darf's denn sein?

Durch bunte Sofas in noch bunteren Räumen können Sie weder die Innovationsfähigkeit noch die Agilität steigern. Höchstens die Umsätze der Möbelhändler.

Markus Reimer

Agilität, wohin man auch schaut. Agile Coaches werden ins Unternehmen geholt, der CEO trägt ab sofort Turnschuhe (auch in Aufsichtsratssitzungen), das amerikanische „du" wird ohne Rücksicht auf kulturelle Distanzierungswünsche etabliert, und das umgebaute Büro fungiert ab sofort als „Innovation Lab". Ach ja, den Tischkicker nicht zu vergessen. Das karikiert den Ansatz vieler Unternehmen, sich der agilen Welt zu nähern. Meistens bleiben diese Ansätze jedoch – und hier spielt letztendlich die Musik – derzeit noch ohne jede Wirkung auf die betriebswirtschaftlichen Planungsziele sowie auf die im Unternehmen etablierte Führungshaltung. In den Zahlen findet sich neben einem oftmals schmalen Etat für Experimente kaum Budget für kreative Freiräume sowie nachhaltige Führungsentwicklung. Und damit sind keine HR-Budgets für Trainings „von der Stange" gemeint. Für die Führungskräfte wiederum verschärft sich, wie bereits dargestellt, lediglich der Double Bind zwischen Mitarbeiterorientierung und der Fixierung auf die Planzielerreichung.

Insgesamt wird viel gestritten über evolutionäre Ansätze versus revolutionäre Umbrüche, um Unternehmen umfassend für die Digitalisierung mit allen ihren Auswirkungen fit zu machen. Einige Ansätze, wie z. B. Holocracy, fokussieren eher auf Fragen zum Thema „In welchen Formaten arbeiten wir zusammen?". Andere, wie zum Beispiel der Company-Rebuilding-Ansatz, basieren auf dem Prinzip der Zellteilung und erfassen die gesamte Organisation inklusive der relevanten Umgebung. In diesem Ansatz werden zentrale Steuerungsformate zugunsten unternehmerischer Agilität künftig über Plattformen gesteuert. Dieser Ansatz versteht Unternehmen als Ökosysteme, die mit klaren Visionen, Zielen und Regeln ausgestattet, zu echten Transformationen in der Lage sind – und es gibt natürlich Frederic Laloux mit seinem ebenfalls sehr wertvollen Ansatz „Reinventing Organizations". Eigentlich haben wir also eine komfortable Ausgangssituation, weil es so viel Neues gibt. Wäre da nicht das Problem, dass sich die Vertreter dieser unterschiedlichen Ausrichtungen beharrlich über die einzig wahre Wahrheit in Sachen Antworten für die Zukunft streiten. Für die beobachtenden CEOs kann sich so kaum ein klares Bild entwickeln. Wahrscheinlich landet man – wenn man sich denn nicht vollständig von dieser Diskussion abwendet – eher bei dem Ansatz, den die hauseigene Beratung favorisiert. Ob das für das jeweilige Unternehmen in seinem Kontext sinnvoll ist, steht dann allerdings nicht mehr im Vordergrund der Entscheidung.

In diesem Schulstreit landen wir mit unserem Fokus auf die menschliche Veränderungsfähigkeit wieder einmal beim *inneren Wirt* (s. Kapitel *Die Rechnung nicht ohne den inneren Wirt machen*). Denn gleichgültig, in welchem dieser sehr wertvollen Veränderungsansätze wir uns befinden – ohne den umfassenden Mindset Change auf CEO-, Aufsichtsrats- und Shareholder-Ebene werden auch diese neuen Ansätze an den Klippen der bisherigen Unternehmenskonstrukte und am Effizienzprimat scheitern. Der Beweis dafür ist in der jüngeren Vergangenheit zu finden. Denn wie wir uns erinnern, gab es ja bereits sehr sinnvolle vitalisierende Beratungsansätze wie z. B. den Ansatz der lernenden Organisation, diverse systemische Ansätze und weitere Modelle.

Das bedeutet nichts anderes, als dass die CEO-Rolle sowie andere Management-Rollen in diese Formate übersetzt werden müssen. Und zwar weniger im Hinblick auf rechtliche und inhaltliche Verantwortungsstrukturen als vielmehr bezüglich der inneren Faktoren Steuerungssicherheit, Komplexitätsreduktion, Bewältigbarkeit und nicht zuletzt auch auf die Chancen, die gesetzten (neuen) Ziele auch im Rahmen dieser Modelle erreichen zu können. CEOs müssen diese Modelle kennen, um sie kompetent im Hinblick auf den Kontext des eigenen Unternehmens vergleichen zu können.

Es lässt sich festhalten, dass die meisten dieser Ansätze nicht in die bereits bestehende Aufbaustruktur von Unternehmen implementiert werden können. Es wird substituiert. Das ist so grundelementar, dass dies ausschließlich auf Topmanagement-Ebene entschieden werden kann. Ein bisschen New Work im Rahmen bestehender Unternehmenskonstrukte zu implementieren (meist per Delegation), bringt Sie und Ihr Unternehmen zwar wahrscheinlich ein Stück weiter, aber die Frage, ob dies reicht, um auch künftig wettbewerbsfähig zu sein, wird wahrscheinlich mit Nein zu beantworten sein. Im Ergebnis kann diese Frage auch gar nicht global beantwortet werden, sondern muss im Zusammenhang des Unternehmens und der Branche sowie funktional, kontext- und vor allem kundenspezifisch betrachtet werden.

Und Status spielt doch eine Rolle

Statussymbole sind die Rangabzeichen der Zivilisten.

Vance Packard

Die Forscher Rock und Schwartz haben mit ihrem SCARF-Modell (Status, Certainty, Autonomy, Relatedness, Fairness) in vielen Versuchsreihen u. a. ermittelt, warum es nicht so einfach ist, Status aufzugeben. Erlebt ein Mensch eine Statuserhöhung, schüttet sein Gehirn Dopamin aus und es entsteht ein Belohnungsgefühl. Aus dieser Perspektive lautet die zentrale Frage: „Wo stehe ich in meiner Stellung zu anderen Menschen, z. B. als Mitarbeiter im Verhältnis zur Führungskraft?" Wird Status vergeben oder bestehender Status bestätigt, schlägt sich das im Belohnungssystem nieder und es erfolgt eine Hin-zu-Reaktion. Im umgekehrten Fall, bei Bedrohung des Status, schrillt die gehirneigene Alarmanlage, da Bedrohung erlebt wird, und es erfolgt eine Kampf- oder Vermeidungsreaktion. Die wenig nachvollziehbaren hart ausgefochtenen Kämpfe um Privilegien (z. B. der eigene Parkplatz mit Namensschild) im Rahmen von Restrukturierungen ergeben im Licht dieser Forschungsergebnisse einen ganz neuen Sinn.

Der Abbau von Hierarchie und die damit einhergehende Auflösung des Status wird sehr wahrscheinlich bei vielen Führungskräften – zumindest auf unwillkürlicher Ebene – zu einem Bedrohungserleben und zu einem Status-Verteidigungsverhalten führen. Es ist nicht unwahrscheinlich, dass dies wiederum zu

Versuchen führt, in neuen hierarchiearmen oder gar -freien Aufbauorganisationen erneut eine implizite Hierarchie zu installieren und darüber den Status wiederherzustellen. Das ist ein sehr bekanntes Phänomen, das sich auch in nicht-hierarchischen Sozialräumen beobachten lässt. Es nennt sich Emergent-Leadership-Phänomen und beschreibt den Umstand, dass sich in heterarchischen Gruppen relativ schnell Hierarchien bilden. Ein – zugegebenermaßen – extremes Beispiel sind die sich unter den Insassen bildenden Hierarchien in Gefängnissen. Ein anderes – ebenso extremes Beispiel – sind die Hierarchien bei indigenen Völkern, die mit Sicherheit noch nichts von Kapitalismus gehört haben (so sie ihn denn zu überleben vermochten). Dort gibt es ebenfalls klare Hierarchien und Rollenzuschreibungen, um das funktionale Miteinander abzusichern.

Wir halten fest: Der Abbau von Hierarchie führt also nicht automatisch in ein funktionales heterarchisches System. Vielmehr geht es – und das hört sich mittlerweile schon an wie eine Schallplatte mit einem Sprung – um die Haltung.

Fassen wir zusammen. Das Bedürfnis nach Status, zumindest in Gestalt einer Rollen- und Verantwortungsklarheit, ist bei allen Veränderungen mitzudenken. Sonst ist es nicht unwahrscheinlich, dass auf informeller Ebene ein neues Statusgerüst „ausgehandelt" wird. Das alles kostet vor allem Zeit und Energie und fokussiert die Aufmerksamkeit am falschen Ort. Und die Mitarbeiter und Führungskräfte erleben eine krasse Divergenz zwischen dem Umbau der Organisation und ihren damit verbundenen Zielen sowie dem tatsächlichen Führungs- und Management-Verhalten.

Insofern ist es unbedingt erforderlich, Statusverlust in die Überlegungen zu neuen Organisationsformen einzubeziehen und idealerweise offen mit Management und Führungskräften zu diskutieren. Dann kann ein gesteuerter Übergang von den klassischen Hierarchie- und Statusstrukturen zu einer selbst organisierten Unternehmung mit Leadership entwickelt werden. Einzelbüro? Parkplatz mit Namensschild? Intransparente Ziele und Boni? Das ist zukünftig ein Auslaufmodell. Und wie kann das ein positiv besetzter Prozess werden? Wie macht das Spaß und ergibt Sinn? Mit anderen Worten: *Wofür?*

Agilität basiert auf psychologischer Sicherheit

Die Welt gehört denen, die zu ihrer Eroberung ausziehen, bewaffnet mit Sicherheit und guter Laune.

Charles Dickens

Was genau ist eigentlich Agilität? Darüber gibt es unzählige Ansichten und Standpunkte. Diese aufzulösen würde den Rahmen dieses Buches bei weitem sprengen. Also schauen wir in unseren Ausführungen auf das, was wir als Agilität im Unternehmenskontext verstehen: proaktives, antizipatives und selbstständiges Verhalten, gepaart mit Mut und der Neugier, Dinge auszuprobieren.

Warum sollte das jetzt für Unternehmen für die Bewältigung der Zukunft so wichtig sein? Zunächst einmal: Agilität ist kein Ziel oder Unternehmenszustand, der erreicht werden muss. Es ist wichtig, dass jedes Unternehmen eine klare Vorstellung davon hat, warum es sich agil reorganisieren möchte (strategisch, funktional, methodisch etc.). Eine agile Reorganisation müsste sich daher kausal aus der Unternehmensstrategie ableiten lassen – und in diesem Rahmen eine relevante Funktion zur Umsetzung der Strategie haben. Daraus lässt sich das berühmte *Wofür*, als Grundbedingung für erfolgreiche Veränderung, ableiten.

Aber wann sind Menschen agil? Unsere Kernthese lautet: Psychologische Sicherheit ist Dreh- und Angelpunkt für Agilität.

Amy Edmondson (Harvard) beschreibt psychologische Sicherheit als „Gefahrlosigkeit für die Mitarbeiter". Nach aktuellen Studien ist der Aspekt der psychologischen Sicherheit der Faktor mit dem allergrößten Einfluss auf erfolgreiche Mitarbeiter und Teams. Mit „psychologischer Sicherheit" ist gemeint, dass jeder Mitarbeiter und jedes Teammitglied das Gefühl haben muss, Fragen stellen zu können, ohne dass andere sich darüber lustig machen oder sie abwerten. Dass man Fehler machen kann, ohne innerhalb des Teams als inkompetent dargestellt zu werden. Das in Bezug auf Fehler gezeigte Verhalten ist Grundlage für die Bildung der Fehlerkultur, die eng korreliert mit psychologischer Sicherheit. Die denkbar schlechteste Reaktion ist Schuldzuweisung gepaart mit Besserwisserei. Zielführend ist stattdessen die Frage: „Warum hat es für die Handelnden Sinn gemacht, so zu handeln, wie sie gehandelt haben, auch wenn sich dieses Handeln nun als fehlerhaft erweist?" Theo Wehner empfiehlt eine eher staunende als (besser-)wissende Haltung einzunehmen. Die über 30-jährige psychologische Forschung auf diesem Gebiet habe nämlich gezeigt, dass man nur dann lernt, wenn man sich der Zielverfehlung auch bewusst wird. Die neugierige, staunende Haltung gepaart mit dem Wunsch daraus zu lernen, ist Grundbedingung hierfür.

Psychologische Sicherheit erzeugt – das ist empirisch belegt – eine größere Bereitschaft, Risiken einzugehen und erhöht die Kreativität.

Nun kann psychologische Sicherheit nicht mehr wie bislang über eine Sicherheit im Umgang mit der Sache oder im Umgang mit bisherigen Prozessen hergestellt werden, da all das zunehmend kontinuierlicher Veränderung unterliegt. Und es werden sich auch künftig keine Phasen von Unveränderlichkeit mehr anschließen. Das bedeutet im Ergebnis, dass die einzige Komponente, über die eine relevante psychologische Sicherheit hergestellt werden kann, die Führungsinteraktion ist. Führung wird Conditio sine qua non für die Etablierung psychologischer Sicherheit und damit für eine hohe Veränderungsgeschwindigkeit von Teams und Mitarbeitern. Das bedeutet: Führung (jetzt wirklich) neu zu denken. Der hierarchiegeprägte Reflex zu delegieren muss dem Dialog über Inhalte, der Aushandlung von

Verantwortung und der Vermittlung von Sicherheit weichen. Dafür muss man seine Mitarbeiter allerdings deutlich besser einschätzen können, denn jeder Mensch verfügt über ein individuelles Maß an Selbstbestimmung und innerer Sicherheit. Diejenigen, die in hohem Maße selbstbestimmt sind, benötigen wenig externe Etablierung von Sicherheit – und umgekehrt. Einen für diese Herausforderung passenden Ansatz bietet das Reifegradmodell von Hersey/Blanchard. Überträgt man es auf den Aspekt der psychologischen Sicherheit, ließe sich anhand des Modells der Selbstbestimmungs-Reifegrad erkennen, sodass Führungskräfte situativ adäquat und kontextspezifisch mit psychologischer Sicherheit führen könnten.

Blicken wir auf die Unternehmensseite. Auch hier wird die o. g. Annahme unseres Erachtens durch die Funktionsweise agiler und innovationsstarker Unternehmen bestätigt.

Eine innovationsfreudige und agile Kultur weist im Kern folgende Eigenschaften auf: Fehlertoleranz, Experimentierfreude, psychologische Sicherheit, ausgeprägter Kooperationsgeist, wenig bis keine klassischen hierarchischen Strukturen.

Klingt nach Paradies. Schauen wir hinter die Kulissen von Unternehmen, die diese innovationsfreudige und agile Kultur aufweisen, finden wir sehr klare und konsequente Spielregeln. Zum einen ist in diesen Unternehmen eine starke Feedback-Kultur zu finden, in der mit schonungsloser Offenheit Rückmeldung zu Sachinhalten, Projekten und Beziehungsverhalten gegeben wird. Und zwar in alle Richtungen!

Kooperation zeigt sich dort durch eine hohe Verantwortungsübernahme der einzelnen Kooperationsakteure und Hierarchien, die auf ein Minimum reduziert sind – durch eine starke Führung kompensiert.

Ein weiteres Merkmal innovationskompetenter und agiler Kulturen ist es, dass insgesamt ein sehr hohes Leistungsniveau herrscht. Gary Pisano von der Harvard Business School hat in seinen Untersuchungen herausgefunden, dass fehlertolerante Unternehmenskulturen auf einem sehr klaren Erwartungsmanagement beruhen. Das Management setzt deutliche Leistungsmaßstäbe, und die Führungskräfte und Mitarbeiter müssen bei wiederholter Nichteinhaltung das Unternehmen verlassen. In

Pisanos Ansatz gibt es unproduktive und produktive Fehler. Der Wert der Informationen, die sich aus einem produktiven Fehler ableiten lassen, gleicht die durch diesen Fehler entstandenen Kosten aus, was bei einem nicht produktiven Fehler nicht der Fall ist – Fehler ist also nicht gleich Fehler. Pisano propagiert den gesunden Mittelweg zwischen der Toleranz gegenüber produktiven Fehlern, aus denen ein Mehrwert entsteht, und einer konsequenten Positionierung gegen Inkompetenz. Und hier wird deutlich, dass in den Ausführungen zur Fehlerkultur häufig nur die eine „romantisierte" Seite der Medaille beschrieben wird. Nämlich die der hohen Innovations- und Experimentierfreude, einer Kultur, in der alle Fehler machen dürfen und diese in sog. Fuck up Nights sogar noch feiern. Der Leistungsfokus fällt hier unter den Tisch (wahrscheinlich einer der Gründe, warum Führungskräfte und Mitarbeiter oft Schwierigkeiten haben, den Ausführungen und Ansagen zu diesem Thema Vertrauen zu schenken).

Wenn ein psychologisch sicheres Klima eine schonungslose Offenheit ermöglicht und diese wiederum Grundlage für ein hohes Leistungsniveau ist, dann kann dies keine Einbahnstraße sein. Mitarbeiter dürfen sich daher ebenso wenig scheuen wie Vorgesetzte, Kritik nach oben zu üben, Vorschläge ihrer Vorgesetzten kritisch infrage zu stellen und abweichende Sichtweisen zu äußern. Auch das ist in innovationsstarken und agilen Organisationen zu beobachten.

Dieses wichtige Merkmal, dass kritisches Feedback nach oben gewünscht ist und gelebt wird, erscheint allerdings noch mehr als Utopie. So fanden die Forscher heraus, dass die meisten Kulturen der befragten Unternehmen keinen ehrlichen Diskurs leben. Weniger als ein Drittel der befragten Manager kann nach eigener Aussage mit den jeweiligen Vorgesetzten offen und ehrlich über ihre schwierigsten Probleme reden. Ein Drittel der Befragten war sogar der Meinung, dass viele wichtige Probleme in ihrem Unternehmen vollkommen tabu sind. Darüber spreche man einfach nicht.

Ziehen wir nun die Forschungsergebnisse von Donald Soll und Kollegen hinzu, nach denen 50 % aller befragten Manager glauben, dass ihre Karriere Schaden nehmen würde, wenn sie Chancen und Innovationen verfolgen und damit scheitern würden, und dazu bedenken, dass diese Befragung in 262 Unternehmen aus 30 verschiedenen Branchen international durchgeführt wurde – dann scheint es in diesen Unternehmen noch kein belastbares Regelwerk für Feedback zu geben.

German Fehlerkultur

Unsere größte Schwäche liegt im Aufgeben. Der sicherste Weg zum Erfolg ist immer, es noch einmal zu versuchen.

Thomas Edison

Wie gehen Sie als CEO mit Ihren eigenen und den Fehlern anderer um? Sind Sie in der Lage, „Macht nichts!" zu sagen? Oder auch „Aufstehen, weitermachen!"? Ob Menschen agil sind und dabei Fehler einkalkulieren, hängt von dem ab, was sie „bei denen da oben" beobachten: Welche Konsequenzen haben Fehler wirklich? Und wann ist ein Fehler überhaupt ein Fehler? Wird jemand, der einen Fehler gemacht hat, abgestraft? Hier geht es um Regelklarheit und um psychologische Sicherheit.

Für deutsche CEOs sieht es übrigens kritisch aus beim Thema Fehlerkultur. Sie bekommen schlechte Noten, das zeigen die jüngsten Untersuchungen. Denn der Diskurs zum Thema Fehlerkultur kann noch so ernsthaft geführt werden – beobachten Mitarbeiter, dass Fehler unangenehme Folgen haben, stellen sie ihre Agilität (zumindest auf unwillkürlicher Ebene) sofort ein.

Schauen wir aber noch einmal auf das Phänomen an sich. Wenn von Fehlerkultur gesprochen wird, tauchen meist die Bilder US-amerikanischer CEOs auf, die ihr bisheriges Scheitern feiern und es als notwendige Grundlage ihres Erfolges betrachten. Es gibt die bereits erwähnten Fuck up Nights, in denen junge Führungskräfte den Geschichten des Scheiterns aufmerksam lauschen. Der angestrebte psychoedukative Effekt: Fehler machen bringt einen weiter und macht erfolgreich. Vergleicht man nun allerdings die US-amerikanischen kulturellen Footprints hinter dieser Haltung mit denen der Deutschen, dann wird schnell klar: Diese Art der Fehlerkultur („Das Scheitern feiern") wird es hierzulande kaum geben. „Die Deutschen haben keine Fehlerkultur." So oder ähnlich lauten die Aufmacher diverser Artikel zum Thema. Fokussiert wird die vermeintliche Unfähigkeit deutscher CEOs und Manager, diese Kultur in Unternehmen zu etablieren. Die Fortschritte sind – Stand heute – eher minimal. Der Wirtschaftspsychologe und Fehlerforscher Michael Frese erklärt, warum das so ist. Er untersucht seit über 30 Jahren den Umgang verschiedener Kulturen mit Fehlern. Seine Diagnose ist eindeutig: Fehler und Misserfolge sind in Deutschland unerwünscht und werden auch unnachsichtig geahndet. Diese Aussage wird in Bezug auf die CEO-Rolle empirisch untermauert durch die eingangs schon erwähnte Studie der Unternehmensberatung PwC. Diese ermittelte, dass sich in 2017 deutsche Aktiengesellschaften mit der Ablösung von 24 Vorstandschefs – im weltweiten Vergleich – als besonders wechselfreudig erwiesen.

„Die Halbwertszeit von CEOs in Deutschland sinkt drastisch und liegt mit 5,1 Jahren unter dem internationalen Mittel von 7 Jahren", so der Europachef von PwC Strategy&. „Das regelmäßige Stühlerücken hierzulande ist auch auf immer kurzfristiger zu erreichende Ziele sowie eine geringere Fehlertoleranz der Aufsichtsgremien und Eigentümer zurückzuführen." In einem solchen Umfeld Veranstaltungen abzuhalten, die das Scheitern kultivieren, wäre paradox.

Offensichtlich benötigt der Fehler-Diskurs dringend eine deutsche Redefinition. Was in den USA Fehlerkultur heißt, könnte hier als eine Kultur des unternehmerischen Ausprobierens etabliert werden (dieser Begriff könnte implizieren, dass es Irrungen und Wirrungen gibt und sogar geben sollte). Der deutsche Mittelstand war viele Jahrzehnte unternehmerisches Vorbild im Ausprobieren und Erfinden. Diese Kompetenzen gilt es in Bezug auf die digitale Weiterentwicklung wieder zu aktivieren! Auch aktuell rangiert Deutschland unter den Top-3-Nationen bei den Hightech-Patentanmeldungen. Es geht also vielmehr darum, eine Umgebung zu schaffen, in der man Dinge ausprobieren darf, damit Raum für Kreativität und Innovation entsteht.

Denken (und fühlen) Sie mal in beides hinein. „Ich als CEO etabliere eine Kultur des Scheiterns." Oder: „Ich als CEO etabliere eine Kultur des unternehmerischen Ausprobierens und akzeptiere dabei Rückschläge." In welcher Variante wird bei Ihnen mehr Energie entwickelt? Sehr wahrscheinlich bei der zweiten Variante, denn auf unbewusster Ebene dürfte sich hier ein deutlicher Unterschied zeigen: Das *Wofür* stellt sich deutlich eher ein. Und damit ist das Ganze auch authentisch und glaubwürdig vermittelbar und damit Voraussetzung für Veränderung.

Kooperation und ihre Bedingungen

As a CEO you have to recognize that your business will be radically different in the next 5 to 10 years, and then build and lead a team to succeed in that new world.

Adena Friedman, CEO Nasdaq Inc.

Kompetente Kooperation ist eine der Grundbedingungen für die Bewältigung der Zukunft. Egal ob innerhalb eines Teams, zwischen Teams innerhalb eines Unternehmens oder mit externen Partnern – erfolgreich zu kooperieren bedingt immer und grundsätzlich eine geteilte Zielvorstellung. Eine „echte" gemeinsame Zielvorstellung existiert allerdings nur dann, wenn das Erreichen des Ziels über eine sachlich notwendige und von allen in emotionaler Hinsicht gewollte Kooperation auch zu erreichen ist. Dann entsteht ein „Wir" – und zwar eine Art von „Wir", das evolutionsgeschichtlich tief in uns Menschen verankert ist. Wer je ein großes Projekt erfolgreich im Team umgesetzt hat, mit allen Höhen und Tiefen, der hat den gemeinsamen Flow von Kooperation erlebt und weiß, wovon wir hier gerade sprechen. Daher ist es auch ein integrales Anliegen von agilen Methoden, Menschen gemeinsam in diesen Flow zu bringen.

Diese kollektive Zielvorstellung steht allerdings diametral zur traditionellen Perspektive, in der die Zielstellung Einzelner zwecks Erfüllung individueller und oft intransparenter Ziele über die Hierarchie „nach unten" weitergereicht wird. Der Mitarbeiter bekommt ein zu erfüllendes Fragment, und in der Regel erhält er für die Erfüllung seiner Ziele einen individuellen Bonus – und das ist ein echter Kooperationskiller.

Um sich von kollektiven Fantasien deutlich abzugrenzen: Neben dem „Wir" ist die Leistung des oder der Einzelnen für die Wertschöpfung unbedingt anzuerkennen – aber eben als Beitrag zu einem Ganzen, auf der Basis eines transparenten, geteilten Ziels. Und grundsätzlich ist auch das ein alter Hut.

Zwei weitere erfolgskritische Bedingungen für wirksame Kooperation müssen erwähnt werden: Vertrauen lautet die eine. Vertraut man anderen nicht, öffnet man sich nicht und lässt einander nicht an Ideen teilhaben. Das zeigt sich z. B. im unsinnigen Besitzstandsverhalten zwischen Abteilungen und dem intransparenten und machtorientierten Umgang mit Wissen, das in vielen (vor allem größeren) Unternehmen zu beobachten ist. Dort ist die Sprache geprägt von abgrenzenden Bildern (wir und die da) und es wird ununterbrochen die Schuld für etwas verschoben. Nicht selten haben diese Unternehmen einen Wertekanon mit Slogans wie „Wir arbeiten kooperativ zusammen!". Und dennoch nimmt der Irrsinn vom Leitbild gänzlich unbeeinflusst seinen Lauf.

Grundlage für die Vertrauensbildung im Dienste einer gelingenden Kooperation ist die Vereinbarung und vor allem die konsistente Einhaltung von Verhaltensregeln (Verbindlichkeit etc.). Darin sind die agilen Methoden den hierarchischen Modellen deutlich voraus. Die Klarheit der Rollen, der Verantwortung und Regeln für agile Methoden erleichtert die Kooperation deutlich.

Die zweite erfolgskritische Bedingung für Kooperation lautet: konsequentes Abmoderieren von Egoismen. Wer kennt ihn nicht? Den sehr erfolgreichen, aber asozial agierenden Kollegen, der ausschließlich eigenen Werten und Regeln folgt und dem man dieses Verhalten aufgrund seines betriebswirtschaftlichen Erfolges durchgehen lässt. Der Stanford-Professor Robert

Sutton hat sogar ein Buch dazu veröffentlicht („Der Arschloch-faktor"), das weltweit große Resonanz erfahren hat. Solange dieser Typus in Unternehmen sein Unwesen treiben darf, wird erfolgreiche Kooperation unterminiert.

Der Medienwissenschaftler Norbert Bolz von der TU Berlin formuliert es in einem Interview ebenso drastisch: „Asoziale sind am produktivsten." Aus seiner Sicht bildet sich in jeder Gruppe automatisch eine Art Hackordnung, in der die Ranghöchsten der Gruppe das Meinungsbild prägen. Eine Gruppe löst enormen Anpassungsdruck aus (s. hierzu auch Kapitel 1 *Festhalten an Bewährtem*), sodass es großen Mutes bedarf, sich mit gegenteiligen Meinungen zu positionieren. Die von Bolz beschriebenen asozialen Charaktere nehmen nicht nur selbstverständlich die Alpharolle ein, sondern sie unterwerfen sich auch nicht dem Anpassungsdruck, da sie wenig Bindungsbedürfnis haben.

Damit Kooperation aber gelingen kann, darf es aus Bolz' Sicht keine Hackordnung geben, und eine gegenseitige Zensur muss ausgeschlossen sein (was wiederum den bereits dargestellten Ergebnissen der Forschung von Edmundson zur psychologischen Sicherheit entspricht).

Die Zielstellung „Kooperation" ist aus seiner Sicht allerdings auch ambivalent zu betrachten, da – und das ist empirisch ebenfalls untermauert – Einzelkämpfer häufig sehr viel produktiver und erfolgreicher sind. Andererseits darf die Richtung, in die eine Gruppe geht, natürlich nicht nur von diesen Einzelkämpfern bestimmt werden.

Im Ergebnis sieht Bolz die übertriebene Betonung der Wichtigkeit von Kooperation kritisch. „Teamarbeit ist dort sinnvoll, wo routinierte Prozesse ablaufen und man ein Projekt in teil-autonome Aufgaben gliedern kann. Als Mittel zum schöpferischen Akt taugt sie aber nicht." Das Kollaborations-Dogma der neuen Generation, die gerade in den Arbeitsmarkt eintritt, läuft dem ebenso entgegen wie die Massen von Großraumbüros, neudeutsch „Workspaces", die sich in sämtlichen Bürogebäuden ausbreiten und die Kollaboration nahezu erzwingen.

Schaut man auf die Qualität von Kooperation, dann ist sie dort am höchsten, wo Kooperation nicht mit Konsens verwechselt wird. Konsens und harmonieorientierte Organisationen, in denen es einen hohen Anpassungsdruck gibt, versuchen verbissen, gemeinsame Lösungen zu finden, die teils in sehr lähmenden Diskussionsrunden ausgehandelt werden (sollen). Eine erfolgreiche Kooperationskultur braucht daher in jedem Glied ihrer Kette entscheidungs- und haltungsstarke Menschen, die bereit sind, Verantwortung zu übernehmen und damit auch eine Art Mikrokultur zu etablieren. Die Ansätze der vergangenen Jahrzehnte, einem Unternehmen eine allgemeingültige Unternehmenskultur zu geben, haben schon damals in dieser Ausschließlichkeit nicht funktioniert, weil Menschen immer eine lokale Mikrokultur entwickeln. Einzelne und Gruppen kreieren übrigens auch einen lokalen Mikro-Purpose. Den „Sinn von Kooperation" von oben zu verordnen, ist daher nicht sinnvoll. Das Management und die Führungskräfte sollten vielmehr die Bildung eines Sinns für Kooperation („Warum ergibt es für uns als Kooperationsteam Sinn, diese Aufgabe zusammen zu bearbeiten?") unterstützen, indem sie Freiräume für die jeweilige Definition dieses Sinns schaffen.

Ein letzter wichtiger Aspekt beim Thema Kooperation betrifft die Zahl der Kooperationsteilnehmer. Der Wirtschaftsnobelpreisträger Reinhard Selten fand heraus, dass die Bereitschaft zur Kooperation mit der Anzahl der Teilnehmer korreliert. Er ermittelte die optimale Anzahl bei fünf Teilnehmern.

Diese Größe wird auch bei der Methode „Working out Loud" (WOL), die derzeit in vielen großen Unternehmen etabliert wird, eingesetzt. Im sog. WOL Circle schließen sich vier bis fünf Personen zusammen, um sich gegenseitig darin zu unterstützen, eine Veränderung zu bewältigen. Die Teilnehmer treffen sich in einem Zeitraum von zwölf Wochen je für eine Stunde pro Woche und arbeiten einen Leitfaden ab, der den Aufbau eines themenbezogenen Netzwerks zum Ziel hat. Im Gegensatz zum herkömmlichen Networking schaut man nicht nur, wie man von anderen profitieren, sondern auch, was man selbst geben kann. Der inflationäre Erfolg der Methode vor allem in Großkonzernen beruht nach Aussage von John Stepper, dem Entwickler der Methode, darauf, dass sich Menschen nach einer anderen Art der (Zusammen-)Arbeit sehnen. Die Stolpersteine für Kooperation sind seiner Ansicht nach weniger in der mangelnden Veränderungsbereitschaft der Mitarbeiter zu sehen als vielmehr darin, dass Führungskräfte ihren Mitarbeitern immer noch sagen (wollen), was sie zu tun haben. Die WOL-Methode beruht hingegen auf der Selbstorganisation derjenigen, die sich zu einem gemeinsamen Vorhaben zusammenschließen. Das Vertrauen in die Mitarbeiter zu entwickeln, dass diese sich selbstbestimmt und selbstorganisiert verhalten, um die Unternehmensziele zu erreichen, und keiner Kontrolle im klassischen Sinne mehr bedürfen, stellt die größte Veränderung für Führungskräfte dar. Führung ist künftig kontextspezifisch und individualisiert zu erbringen und nicht als Standarddienstleistung von Führungskräften, fordert Reinhard Sprenger.

Die Themen „New Work", „Neue Organisationsansätze" und „Digital Leadership" haben immense Auswirkungen auf Ihre Organisation. Interessanterweise ist in vielen Unternehmen zu beobachten, dass diese Themen im Bereich HR angesiedelt und dort in Initiativen und Projekten „abgearbeitet" werden. Neulich sagte eine HR-Leiterin eines großen Mittelständlers: „Wir machen jetzt auch New Work!" Dann wies sie auf einen Raum mit bunten Möbeln und der Möglichkeit, Klebezettel aufzuhängen. „Hier finden unsere New-Work-Projekte statt!", ergänzte sie und strahlte. Das Ganze werde dann monatlich unter „Sonstiges" für die Geschäftsführung auf die Agenda gesetzt.

Bei aller angebrachten Skepsis gegenüber diesen so euphorisch angepriesenen Organisationsformen, Methoden und Werkzeugen dürfen wir eines nicht vergessen: Diese ganzen Experimente starten auf Basis der Hypothese, dass Organisationen künftig schneller und dezentralisierter agieren müssen, um die Geschwindigkeit und Komplexität der fortschreitenden Digitalisierung zu bewältigen. Da ist vom Menschen noch gar nicht die Rede. Dass Menschen mehr Sinn in ihrem Arbeitsleben erfahren und gleichzeitig mehr Selbstbestimmung leben wollen, sind gesamtgesellschaftliche Zeitgeistentwicklungen, die es mit den Ideen zu neuen Organisationsformen zu kombinieren gilt. „Menschen mehr Souveränität über das Was, das Wie und das Wo ihrer Arbeit zu geben, ist der relevante Schritt", sagt Nico Rose im Rahmen seiner kritischen Auseinandersetzung mit New Work.

Unabhängig davon, welche Methoden und Werkzeuge Sie in Ihrem Unternehmen einführen wollen oder auch nicht: Die kritische Auseinandersetzung mit den Motiven, Werten und Haltungen, die im Rahmen dieser Methoden erzeugt wird, ist immens wichtig für Sie und Ihr Unternehmen. Über welche Methode Sie das tun in Ihrer Organisation, ist dann (fast) egal.

→ Entwickeln Sie eine klare und funktionale Vorstellung von der künftigen Arbeitskultur Ihres Unternehmens. Es geht weder um Mode noch um Moral, sondern um die passende Funktionalität für Ihre Marktbedingungen und Ihr Produkt. Soweit Sie auf Innovationen angewiesen sind, ergibt sich nahezu zwangsläufig eine Hinwendung zu einer stärker selbstorganisierten Struktur.

→ Entwickeln Sie gemeinsam mit relevanten Stakeholdern ein Zukunftsbild für eine Weiterentwicklung der Organisationsform Ihres Unternehmens. Die wenigsten Modelle lassen sich eins zu eins übertragen, sondern müssen passend für Ihren Kontext skaliert werden. An welchen Stellen ist die existierende Hierarchie funktional sinnvoll, und wo beobachten Sie Dysfunktionalität im Hinblick auf die künftigen Anforderungen an Ihr Unternehmen? Welche Struktur passt zu Ihrem Unternehmen und zur Zukunft?

→ Lassen Sie sich unterschiedliche Modelle neuer Organisationsformen vorstellen und diskutieren Sie Vor- und Nachteile mit relevanten Stakeholdern Ihres Unternehmens. Das ist keine isolierte HR-Aufgabe, sondern ein integraler Bestandteil der Zukunftssicherung

→ Entwickeln Sie ein funktionales und differenziertes Kooperationskonzept.

Individuelle Veränderungsansätze in der Managementrolle

→ Reflektieren Sie Ihre innere Bereitschaft, den Faktor Mensch in die betriebswirtschaftliche Planung einzubringen

Fazit und Veränderungsansätze

→ Vertrauen ist der Kern gelingender Kooperation. Evaluieren Sie Ihre eigenen Kompetenzen zu Vertrauen, um sie entweder in den Dienst der Kooperationsentwicklung zu stellen (der/die CEO als Vorbild) oder – so sie nicht besonders ausgeprägt ist – diese Kompetenz gezielt zu entwickeln.

→ Setzen Sie sich mutig mit soziokratischen Prinzipien auseinander und bauen Sie – unabhängig davon, ob Sie dieses Organisationsmodell einführen – die wesentlichen Meta-Kompetenzen daraus auf, wie sie u.a. von Andreas Zeuch anschaulich dargestellt werden:

  → Dynamische Steuerung und Umkehrbarkeit: Jede Entscheidung ist revidierbar.
  → Gangbarkeit: Vorschläge und Lösungen müssen nicht perfekt, sondern gangbar sein.
  → Primat des Arguments: Einwände gegen Vorschläge müssen begründet werden.
  → Einwände sind wertvoll: Sie werden als noch nicht wahrgenommene Argumente verstanden und begrüßt.

→ Werten Sie aus, wie Sie bislang mit Ihren eigenen Fehlern und denen Ihrer Führungskräfte und Mitarbeiter umgehen. Dürfen Fehler gemacht werden? Und wenn ja, welche?

→ Schaffen Sie Raum für authentische, kritische Rückmeldungen. Es sollte künftig Standard sein, dass unbequeme Inhalte offen geäußert werden dürfen. Auch und insbesondere von Ihnen und an Sie.

→ Wie können Sie aus Ihrer Rolle heraus konkret Sicherheit und Stabilität für diese Veränderung bieten?

→ Wie steht's mit Ihrem eigenen Statusgefühl? Wie wichtig sind Ihnen Ihr Status und Ihre Statussymbole?

→ Ermitteln Sie, welche Statussymbole es im Unternehmen gibt und welche davon abgeschafft werden sollten.

→ Schauen Sie kritisch auf Ihre eigene innere Haltung zu Hierarchie, Selbstorganisation und New Work. Wie wichtig ist Ihnen Ihre eigene Positionsmacht?

→ Begegnen Sie New-Work-Ansätzen mit einer kritischen, aber offenen Haltung.

→ Legen Sie Ihre führende Rolle für den Kulturentwicklungsprozess fest, um New-Work-Ansätze zu verankern.

→ Entwickeln Sie ein eigenes CEO-New-Work-Konzept, das Sie glaubwürdig vertreten können. Wie viel Hierarchie benötigen Sie noch in Ihrer Rolle?

Fazit und Veränderungsansätze

Menschen als Wertschöpfer im digitalen Zeitalter

Die technische Entwicklung erzwingt die Reintegration des Menschen in die Wertschöpfungskette.

Reinhard Sprenger

Interessanterweise erfahren viele etablierte Modelle aus der Psychologie in der digital-kulturellen Transformation eine Renaissance. Das ist leicht zu erklären, da wir bereits viel über Menschen und ihre Veränderungskompetenz sowie die Bedingungen dafür wissen. Die digital-kulturelle Transformation und das Agieren in Ungewissheit verändern diese Erkenntnisse allerdings erst einmal nicht, denn der Mensch bleibt analog. Der Unterschied liegt eher darin, dass sich die aktuellen Entwicklungen im Vergleich zu den Veränderungen der Vergangenheit mit deutlich höherer Geschwindigkeit vollziehen und viel umfassender sind, sprich, deutlich mehr Dimensionen einschließen. Kurz: Die Veränderungen sind intensiver und schneller. Daher bedarf es einer Kombination aus der Reanimation bestehender psychologischer und der Entwicklung ganz neuer Modelle, die aktuelle neurobiologische Erkenntnisse miteinbeziehen.

Nach Aussage des McKinsey Global Institute gewinnen Kommunikations- und Verhandlungsgeschick, Empathie und Führungsvermögen in Zeiten der Digitalisierung weiter an Bedeutung. „Obwohl genau diese Fähigkeiten schon heute bereits knapp sind, werden die Automatisierung und der Einsatz von künstlicher Intelligenz die zukünftige Situation nicht gerade verbessern. Es werden Durchhaltevermögen, Adaptionsfähigkeit, unternehmerisches Handeln, Eigeninitiative sowie Kreativität und die Fähigkeit, Probleme strukturiert zu lösen, am meisten gebraucht", so das Institut.

Auch die Meta-Studie 2019 des Instituts für Führungskultur im digitalen Zeitalter (IFIDZ) bestätigt, dass keineswegs nur noch digitale Superhelden gefragt sind – und traditionelle analoge Kompetenzen für den Erfolg weniger wichtig wären. Im Zentrum von Führung steht, dies hat die Studie klar ergeben, weiterhin die Beziehungen zwischen den Menschen. Kommunikationsfähigkeit (57 %), Veränderungsfähigkeit (39 %) und Wertschätzung bzw. Mitarbeiterorientierung (33 %) sind dieser Studie zufolge die wichtigsten der künftigen Skills.

In den Führungsentwicklungsprogrammen der Unternehmen lassen sich diese Zielstellungen selten bzw. wenn, dann nur in einer Art Standardformat, finden. Dort wird – ebenso wie in den Management-Ausbildungen der Universitäten – überwiegend klassische Skill-Vermittlung betrieben. Hier sind nun auch die HR-Abteilungen gefordert. Laut Dave Ullrich, einem der renommiertesten Management-Vordenker, wurde der Börsenwert eines Unternehmens früher zu 90 % durch seinen Gewinn bestimmt. Das gilt aus seiner Sicht heute nur noch für die Hälfte. Die andere Hälfte entsteht durch immaterielle Werte: Führung, Organisation, Personalmanagement. „Das ist das Vertrauen der Analysten auf künftige Gewinne", so Ulrich.

Auch das renommierte US-Marktforschungs- und Beratungshaus Forrester sagt einen steigenden Bedarf an „Humantouch workers" und Menschen voraus, die fachübergreifendes Wissen haben und vermitteln können. Dasselbe gilt auch für die „digitale Elite".

Die Arbeitskräfte, die diese Skills mitbringen, werden, wie Forrester schreibt, die „Seele des Unternehmens" mitgestalten, sogar als Botschafter des Unternehmens agieren – sie sind die knappe Ressource der Zukunft.

Wenn nun diese Menschen mit ihren menschlichen und fachlichen Kompetenzen, die nicht durch Automatisierung und Digitalisierung ersetzt werden können, einen echten Produktivitätsfaktor darstellen, dann könnte selbst dem hartgesottensten Kapitalisten dämmern, dass New Work (die echte Fassung!) eine gewinnbringende Idee für das Unternehmen ist. Genau daraus ergeben sich für CEOs neue Argumentationsmöglichkeiten, das

Unternehmen umzubauen, auch wenn das erst einmal eine Menge Geld kostet.

Wenn wir all diesen Studien Glauben schenken, dass künftig Menschen noch wichtiger werden für die Unternehmen, dann müssen wir (erneut) über das Thema „Haltung" sprechen. Führung als Interaktion zwischen Menschen zu begreifen bedeutet, Führungskräfte mit der Kompetenz, Beziehungen zu gestalten, in die entscheidenden Positionen zu bringen. Betrachtet man das Ganze – etwas holzschnittartig – als die Entscheidung eines Unternehmens zwischen Mensch- bzw. Effizienzorientierung, dann bedeutet der Aufbau einer humanzentrierten Management- und Führungsorganisation das Ende des Effizienzdogmas, wie wir es aktuell kennen. Die Wette auf die Zukunft lautet: Die Investition in Menschen lohnt sich und der Return on Invest wird in Innovationskraft und Agilität zu messen sein.

Psychologische Transformationsbedingungen

Die Welt wird digital, der Mensch bleibt analog. Das bedeutet, dass sich bei den vielen Veränderungen, die sich durch die digital-kulturelle Transformation ergeben, in Bezug auf den Menschen in seiner Betrachtung manches wiederum gar nicht ändern wird. Denn das analoge Wesen Mensch hat Grundbedürfnisse, durch die es (unbewusst) gesteuert wird.

Und da auch CEOs Menschen sind, ist es für sie extrem wichtig, sich die eigenen Grundbedürfnisse in Bezug auf Selbststeuerung in Ungewissheit möglichst genau bewusst zu machen. Grundsätzlich gilt folgender hier Human Business Case: Je größer und intensiver die Veränderung ist, umso mehr muss in die Stabilisierung dieser Grundbedürfnisse investiert werden – sowohl bei der Selbststeuerung als auch der Führung und der Kommunikation.

Starten wir mit dem Bedürfnis nach Sicherheit – unserer unbewussten Handlungsmaxime.

Das Thema ist nicht neu. Schon Joachim Ringelnatz hat sich intensiv damit auseinandergesetzt. „Sicher ist, dass nichts sicher ist. Selbst das nicht", lautet eines seiner berühmten Zitate.

Sicherheit ist im Zeitalter der digitalen Transformation ein beherrschendes Thema. Und das ist nicht nur auf Unternehmensebene, sondern auch in der Gesellschaft und der Politik zu beobachten. Vor allem das Sicherheitserleben wird erschüttert, wenn sich zu viele relevante Sicherheitsparameter verändern bzw. wegfallen. Die Medien sprechen dann von „diffusen Verlustängsten".

Eine Aufgabe von Unternehmessteuerung ist es daher, explizit für ein stabiles Sicherheitserleben zu sorgen. Und das betrifft zu mindestens 50 % auch die inneren Bewertungsprozesse von CEOs und Management, die es hier umzustellen gilt. Wer sich selbst unsicher fühlt, kann keine Sicherheit übertragen.

Interessanterweise findet das Thema „Sicherheit" in der Unternehmens- und Führungskommunikation kaum Platz. Die Betonung liegt vielmehr auf Agilität und radikaler Veränderung sowie dem Umgang mit Unsicherheit etc. Welche/r CEO spricht schon von Sicherheit und Stabilität? Schauen wir auf die Alarmanlage im Gehirn, ist die Reaktion vorhersehbar. Stress und Bedrohungserleben werden gesteigert, je mehr die dringende Notwendigkeit zu permanenter Veränderung kolportiert wird. Das Ergebnis: Man sucht Zuflucht im Alten und Bewährten. Was wiederum zu einer gewissen Verzweiflung und Vorsatzunterstellung aufseiten des Managements führt. „Die wollen sich einfach nicht verändern!", hören wir als Berater immer wieder. Und das führt dann wie in einem Loop zu noch mehr und noch dringlicheren Appellen, sich grundlegend verändern zu müssen.

Das mit der Vermittlung von Sicherheit und Stabilität in Zeiten stetiger Veränderung ist allerdings nicht so einfach. Wenn schon, wie einige Studien zeigen, CEOs teilweise nicht wissen, wie sie die steigende Komplexität und Unsicherheit bewältigen sollen, dann ist eine wichtige Aufgabe, diese Kompetenz strukturiert und systematisch in neuen Personalentwicklungsformaten auf Management-, Führungs- und Mitarbeiterebene zu etablieren.

Die Betriebswirtschaftslehre hat derzeit ebenfalls noch wenig neue Antworten auf die Frage, wie ein gewisses Maß an Vorhersehbarkeit in komplexen und unsicheren Umgebungen hergestellt werden kann. Das zwingt CEOs und ihre Teams, sich schnellstmöglich die Kompetenz der stabilen Steuerung und Führung in Ungewissheit anzueignen. Und das geht natürlich nur, wenn die hauseigene Alarmanlage nicht permanent lärmt.

Kommen wir zur zweiten elementaren Grundbedingung für Transformation, der Bindung. Sie ist das empirisch am besten nachgewiesene Grundbedürfnis des Menschen. Auch wenn es sehr unterschiedliche und individuelle Ausprägungen dieses Bedürfnisses gibt, so hat es doch jeder von uns stets „im Gepäck".

In Veränderungsprozessen durchgeführte Neugestaltungen von Arbeitsstrukturen, Bezugsgruppen und Teams führen nicht selten zu Bindungsverlustängsten. Um die sich daraus ergebenden typischen Konflikte zu vermeiden, ist das Bedürfnis nach Bindung bei allen Transformationen explizit zu beachten. Das klingt logisch – und wird doch selten gemacht, obwohl Menschen während dieser Prozesse erst einmal damit beschäftigt sind, über eigene Wege Bindung zu sichern oder neu herzustellen. Auch aus Loyalität gehen Menschen in den sog. Widerstand, weil alte Bindungen im Rahmen der Reorganisation aufgebrochen werden. (Wir sprechen hier übrigens nicht nur über die Mitarbeiter. Dieses Verhalten gilt für Management und Führungskräfte gleichermaßen.)

Auch Sprache korreliert mit dem Faktor Bindung. Wir sprechen nicht primär, um Sachinhalte zu vermitteln, sondern vielmehr, um uns zu binden – was übrigens für Frauen und Männer gleichermaßen gilt. Der Bindungsfaktor der Sprache steht hier im Mittelpunkt. Digitale Transformation darf daher nicht dazu führen, dass unsere Kommunikation maximal asynchron gestaltet wird, da dies das Grundbedürfnis nach Bindung bedroht. Die neue Plattform für die Change-Initiative, auf der permanent über alles, was passiert, berichtet wird, ersetzt in keinem Fall das persönliche Gespräch. Vielmehr wird zu hören sein „Uns fehlt es an Informationen!" oder „Wir fühlen uns nicht eingebunden!". Das macht manch eine Führungskraft wütend, weil sie wiederum das Gefühl hat, permanent Informationen zu teilen. Ist eben nicht das gleiche.

Aus der Perspektive der Effizienz betrachtet lohnt sich jede nachhaltige Investition in den Menschen und damit in die Kultur (das hat schon Peter Drucker postuliert mit seiner Kernaussage „Culture eats Strategy for Breakfast"). Diese Investition zahlt sich unmittelbar wieder aus durch eine im Vergleich zu anderen Methoden schneller einsetzende Produktivität. Leider werden diese Zusammenhänge bei der Planung von Veränderungsprozessen gern übersehen. Diese Planungen werden häufig über die kaufmännischen Bereiche erstellt. Ohne jemandem etwas unterstellen zu wollen: Aber Psychologie ist nicht des Kaufmanns Steckenpferd. Das bedauerliche Randgruppendasein von HR spricht hier Bände.

Man kann es nicht oft genug betonen: Bei allen anstehenden Veränderungen sind wir deutlich effizienter, wenn wir das Grundbedürfnis von Menschen nach Bindung beachten (das eigene nicht zu vergessen!) und in die Prozessgestaltung des Change einbinden.

Denn die steigende Komplexität irritiert unser menschliches Grundbedürfnis nach Orientierung und Kontrolle gewaltig. Und das betrifft Manager und Managerinnen gleichermaßen. „Ich habe keine Ahnung, ob die Geschwindigkeit der Veränderungen nicht bereits so hoch ist, dass Vorhersagen unmöglich sind", meint Tim Mois, Chef von Sipgate.

Bevor Menschen in einer Situation mit geringer Orientierung und Kontrolle Aufgaben erledigen, geschweige denn Neues ausprobieren können, werden sie also zunächst dafür sorgen, wieder Orientierung und Kontrolle zu erlangen. Und so sinnvoll Veränderungen auch sein mögen – sie können von orientierungslosen Führungskräften und Mitarbeitern, die meinen, keine Kontrolle mehr zu haben, weder verstanden noch bearbeitet, geschweige denn positiv bewertet werden. Alle tun dann einfach das, was sie kennen und schon immer getan haben.

Unter Effizienzperspektive ist es daher extrem wichtig, im Rahmen der digital-kulturellen Transformation kontinuierlich Orientierung und Kontrolle sowohl auf der Sach- als auch der Beziehungsebene herzustellen. Und das geht – wie wir bereits gesehen haben – nur über Führung. Wenn Führung in grundsätzlich stabilen Zeiten wichtig war, dann ist sie in Zeiten erlebter Unsicherheit und Instabilität einer der wenigen stabilen Parameter und damit eine Bedingung für Veränderung. Letztendlich bekommt Führung damit eine übergeordnete Rolle für das Fortbestehen von Unternehmen. Und da die meisten Führungskräfte nach wie vor wenig Raum für Führung haben, steht eine radikale Verschiebung der Aufgaben im Führungsbereich an. Das Verhältnis 80:20 kehrt sich in 20:80 zugunsten von Leadership um. Und die HR-Kompetenzen gehören unbedingt an den Strategietisch!

Nun kommen wir auf ein Grundbedürfnis zu sprechen, das sich mit einem einzigen Bild erklären lässt: dem „Like-Daumen" von Facebook. Angesprochen wird hier – unter anderem – das Grundbedürfnis nach Lustgewinn und Unlustvermeidung. Dieses Bedürfnis äußert sich in der Motivation von Menschen, Angenehmes erleben und Unangenehmes vermeiden zu wollen. Das Gehirn filtert eingehende Reize auch unter dieser Perspektive. „Soziale Motivation wird bestimmt durch das Prinzip der Reduzierung von Bedrohung und der Maximierung von Belohnungssituationen", sagt David Rock, der Entwickler des Neuromodells SCARF.

Wo die Generation X – teils unter Verdrängung von eigenen Bedürfnissen – die preußischen Tugenden aufrechterhalten hat, stehen wir mit den Generationen Y und Z Menschen gegenüber, die – wertneutral betrachtet – sehr bedürfnisorientiert aufgewachsen sind. Das Grundbedürfnis nach Lustgewinn und Unlustvermeidung wird bei ihnen deutlich seltener überlagert durch (übersteigertes) Pflichtgefühl. Dies ist insbesondere für etablierte Führungskräfte häufig eine Herausforderung. Multipliziert man dies mit der Notwendigkeit, von diesen Menschen zu lernen (sie sind teilweise deutlich agiler, kooperativer und häufig auch kreativer), dann ist dieses Zusammentreffen der Wertewelten nicht unbedingt leicht zu steuern. In Formaten wie z. B. Reverse Mentoring (Digital Native coacht erfahrenen Manager) spiegeln sich nunmehr umkehrende Lernprozesse wider. Insgesamt geht es um einen Generationendialog mit hohem Lernimpetus auf beiden Seiten.

Der Mechanismus des Lustgewinns bzw. der Unlustvermeidung hat auch einen Anteil am Lernen. Effizientes Erlernen von digitalen (und natürlich auch anderen) Kompetenzen findet über Spaß und Freude statt, nicht über trockene Lernprogramme. Die jüngeren Generationen sind so groß geworden. In der Schule hat ihnen niemand diese Kompetenzen vermittelt – sie sind über den Modus „Ausprobieren, Spiel und Spaß" zu Digital Natives geworden. Eine elementare Herausforderung für die Qualifizierungsoffensive in Unternehmen!

Wenn solche Dialogformate zu Alibiveranstaltungen verkommen, die von HR initiiert wurden, ergibt sich allerdings kein wirklicher Erkenntnisgewinn und bereichernder Austausch. Dann bleiben die unterschiedlichen Perspektiven durch den Dialog unbeeinträchtigt und wir verharren bei der bereits beschriebenen Abkopplung zwischen Management einerseits und Führungskräften und Mitarbeitern andererseits. Es braucht einen kompetenten Generationendialog, der im Übrigen auch für das Thema Wissenstransfer von erheblicher Bedeutung ist.

Das Grundbedürfnis nach Selbstwerterhöhung und Selbstwertschutz ist für digitale Transformationsprozesse ebenfalls hochrelevant; dieses Bestreben wird im Rahmen von Beziehungserfahrungen ausgelebt.

Menschen, die offensiv Fehler zugeben können, erleiden durch dieses Zugeben keinen Selbstwertverlust, aber sie scheinen nicht die Mehrheit zu sein. Die vielen zu beobachtenden Vertuschungsaktionen in Unternehmen sind häufig auf Selbstwertschutz-Mechanismen zurückzuführen.

Die Angst vor den Digital Natives ist in vielen Unternehmen ausgeprägt und äußert sich oftmals über eine massive Abwertung dieser Personengruppe, auch seitens des Managements und der Führungskräfte. Es ist nicht unwahrscheinlich, dass es sich hier um ein den Selbstwert regulierendes Verhalten handelt. Dieses Verhalten ist im Hinblick auf das eigentliche Ziel, nämlich das Unternehmen weiterzuentwickeln, allerdings nicht dienlich. Alt gegen Jung, Digital gegen Analog oder Fleißig gegen vermeintlich Faul (was den Generationen Y und Z hartnäckig unterstellt wird) antreten zu lassen, führt zu nichts. Der gelingende Dialog zwischen den Generationen und das damit einhergehende Management des Wissenstransfers (von oben nach unten wie auch umgekehrt!) muss also würdigend und den Selbstwert der Beteiligten schonend konzipiert werden.

Wenn sich die Veränderung darauf beschränkt, mit Jeans und Turnschuhen auf einer Nachwuchsveranstaltung aufzutreten, bleiben die Potenziale echten Dialogs natürlich ebenfalls ungenutzt. Stellen Sie sich an die Spitze einer Bewegung, die die Generationen miteinander verbindet und wertschätzend auf die jeweiligen Kompetenzen schaut! Nicht Ihr Job? Keine Zeit für so etwas? Wer, wenn nicht Sie? Denn wenn Sie das nicht machen, wird und kann es kaum jemand anderes an Ihrer Stelle tun. Dafür ist Ihr Handeln einfach zu kulturprägend. Aus unserer Sicht steht hier nichts weniger als ein künftiger Wettbewerbsfaktor in Rede.

Führung – ein echtes Revival

Es macht keinen Sinn, kluge Leute einzustellen und ihnen zu sagen, was zu tun ist. Wir stellen kluge Leute ein, damit sie uns sagen können, was zu tun ist.

Steve Jobs

Führung legitimiert sich künftig nicht mehr über Hierarchie. Das erklärt sich über einen relativ einfachen Mechanismus: Die Menschen, die trotz Automatisierung und Digitalisierung künftig in Unternehmen arbeiten werden, also diejenigen, die nicht ersetzbar sind, werden extrem wertvoll für den unternehmerischen Erfolg sein. Das kann sich manch eine Führungskraft (noch) nicht vorstellen. Die Branchen, die den Fachkräftemangel schon hautnah erleben, tun bereits viel, um humanzentrierter zu agieren, damit sie im „War for Talents" mithalten können. Bislang war das nicht nötig, da die sog. Positionsmacht einen faktischen Annex der hierarchischen Struktur darstellte. Diese faktische Macht kehrt sich über die Demografie schon in Teilen um. Erstaunt treffen Führungskräfte bereits in Vorstellungsgesprächen auf sehr selbstbewusste Bewerber und Bewerberinnen, für die die Frage nach Sabbaticals und sonstigen Sonderleistungen absolut selbstverständlich ist. Das sorgt häufig für Empörung. Sätze wie „Das hätten wir uns nie getraut früher. Sie sollten erst einmal zeigen, ob sie was können!" sind häufig von etablierten Führungskräften der Generation X zu hören. Die demografische Verschiebung führt nach dem bekannten Prinzip von Angebot und Nachfrage bei den jungen Generationen zu einer Art faktischer Macht, wählen und Bedingungen stellen zu können. Das sollte allerdings nicht der Grund sein, warum Führungskräfte sich auf den Weg machen, ihre Führungskompetenzen weiterzuentwickeln. Das reicht als *Wofür* nicht aus, denn da spielt der uns schon wohlbekannte *innere Wirt* der Führungskräfte nicht mit.

Macht ist künftig vielmehr das Ergebnis eines sozialen Zuschreibungsprozesses, der insbesondere auf Basis von Kompetenzen und Erfahrungen zwischen den Beteiligten ausgehandelt wird. Wenn sich eine Führungskraft durch gute Führungsleistung in der Rolle bewährt, wird ihr die zur Rolle gehörende Macht, Entscheidungen treffen zu dürfen, zugeschrieben. Sonst wird mit den Füßen abgestimmt: Die Mitarbeiter wechseln das Team oder sogar das Unternehmen.

Um den sozialen Aushandlungsprozess gut gestalten zu können, müssen wir beachten, zu was sich der bislang vom „Management by Objectives" geprägte Führungsstil weiterentwickeln muss.

„Manchmal bleibt einem nichts anderes übrig, als zum Äußersten zu greifen: Miteinander reden!" Markus Reimer

Führung ist nach klassischem Verständnis ein Delegationsprozess von oben nach unten, gepaart mit der Vergabe von Zielen, die auf einzelne Mitarbeiter heruntergebrochen werden. Die Fantasie, man müsse nur „richtig" führen, damit die Mitarbeiter sich wie gewünscht verhalten, ist schlichtweg falsch und resultiert aus sich hartnäckig haltenden Führungsmythen, die sich interessanterweise jährlich ändern. Das ist ein bisschen wie mit Diäten: Dass die zuletzt angepriesene Diät nicht funktioniert hat, spielt bald keine Rolle mehr. Geld und Hoffnung werden nun in die neue Diätmethode investiert. Und so mäandern Führungskräfte und Berater gemeinsam durch die Jahrzehnte, immer auf der Suche nach dem einzig richtigen Führungsstil.

Betrachtet man Führung wirkungsorientiert (Wie oft, wie gut funktioniert Führung?), dann macht sich oftmals Enttäuschung breit, weil sie eben häufig *nicht* wirkt. Die dramatisch schlechten Bindungswerte der jährlichen Gallup-Studie sprechen hier Bände. Wie viel Zeit und inhaltlichen Freiraum haben Führungskräfte überhaupt, um führen zu können?

Wenn wir uns in Richtung New Work, Agilität, Selbstorganisation, partizipative Mitbestimmung etc. bewegen wollen, dann muss man Führung künftig konsequent als interaktionales Phänomen verstehen. Damit steht weniger die Persönlichkeit des Führenden im Vordergrund (im Widerspruch zur weitverbreiteten Leadership-Literatur der vergangenen Jahre) als vielmehr die Beziehung zwischen Führungskraft und Mitarbeitern. Lutz von Rosenstiel bringt es auf den Punkt: „Führung ist eine zielbezogene Einflussnahme, die sich über kommunikative Prozesse definiert und nichts anderes ist als die meist unbewusste Arbeit an und in Beziehungen." Über den Beziehungsaspekt der Kommunikation entstehen Bindung, Sicherheit und Orientierung, die im Rahmen der steigenden Ungewissheit hochrelevant sind und immer mehr sein werden. Insofern ist es wenig verwunderlich, dass es eine Renaissance bisheriger Führungs-Tools gibt. Feedbackgespräche, Erwartungsmanagement etc. waren aus motivationaler Perspektive schon immer wichtig. Im Rahmen von Ungewissheit und Volatilität sind sie erfolgskritisch.

Soweit die Theorie, die Ihnen als Leser/Leserin von Managementliteratur sicherlich bekannt ist. Wir wollen in diesem Buch ja vor allem auf die Frage „Wie kann das gehen?" fokussieren, denn *„der Unterschied zwischen Theorie und Praxis ist in der Praxis weit größer als in der Theorie"*. Das hat schon Ernst Ferstl propagiert.

Wenn wir von wirkungsorientierter Führung sprechen, sprechen wir über Kommunikation in vielerlei Hinsicht. Der erste wichtige Faktor wirkungsorientierter Führung betrifft die innere Kommunikation der Führungskraft mit sich selbst (also mit dem eigenen *inneren Wirt* bzw. den *inneren Wirten*). Wenn sich die Führungskraft z. B. über die Ansprüche von Mitarbeitern ärgert und diesen Ärger für sich nicht reflektiert, wird sich dies in die Führungsbeziehung übertragen, ob die Führungskraft das will oder nicht. Das führt zu (offenen oder subtilen) Konflikten. Um das zu vermeiden, braucht es eine sehr gut ausgeprägte Distanzierungskompetenz, gepaart mit einer hohen Reflexionsbereitschaft („Wie bewerte ich dieses Verhalten des Mitarbeiters, dass es Ärger in mir auslöst?") im Hinblick auf die Gestaltung der inneren Dialoge, um innere Konflikte eben nicht in die kommunikativen Prozesse mit einzubringen. Bislang gehört diese Kompetenz jedoch eher zur Ausbildung von Therapeuten und Coaches, aber künftig wird sie integraler Bestandteil von Führungsentwicklung im Sinne von Persönlichkeitsentwicklung sein.

Ein weiterer wichtiger Aspekt von wirkungsorientierter Führung umfasst den Grundsatz „Positive Absicht ist nicht dasselbe wie positive Wirkung". Unser Verhalten wirkt beim Gegenüber – neben dem sprachlichen Ausdruck – vor allem auf der unbewussten Ebene. Es ist sehr wichtig, diesen Grundsatz zu verinnerlichen, wenn man effektiv mit Menschen kommunizieren möchte. In der Führungsarbeit lässt sich jedoch häufig beobachten, dass Führungskräfte unter Zeitnot im Rahmen eines verkürzten Dialogs völlig unbewusst Konflikte auslösen, obwohl sie in bester Absicht handeln und – hier liegt das größte Konfliktpotenzial – sich sicher sind, dass ihre gute Absicht erkannt wird. Die Wahrscheinlichkeit, dass solche Situationen auftreten, erhöht sich mit steigender Komplexität. Fredmund Malik hat eine Antwort darauf. Er stellt die „Rückversicherung" beim Führungsempfänger als ein sehr probates Führungsmittel für Arbeiten unter komplexen Bedingungen dar. Im Rahmen dieser Rückversicherung („Was genau ist bei dir angekommen?") findet auch die Erläuterung der Absicht ihren Platz, sodass Kommunikation in komplexen Situationen möglich und sogar effektiver wird. Der aktuelle Generationendialog (Generation X vs. Y und Z) kann überhaupt nur gelingen, wenn dieser Grundsatz effektiv und reflektiert in die eigene Kommunikation eingebunden wird. Achten Sie also mehr auf die Wirkung beim Gegenüber und vergewissern Sie sich, dass Ihre Botschaft in dem von Ihnen beabsichtigten Sinne ihre Wirkung entfaltet hat. Das dauert länger, macht die Prozesse aber schneller.

Der dritte wichtige Aspekt von wirkungsorientierter Führung ist die Selbstführung. In vielen Executive Coachings klagen Menschen in Management-Rollen über ihre hohe Belastung.

Wenn man dann gemeinsam mit ihnen ihren Alltag resümiert, dann muss man staunen, dass sie diesen überhaupt bewältigt bekommen. Was in der Regel auf der Strecke bleibt, ist hier natürlich die Selbstfürsorge. Menschen, die keine oder eine schlechte Selbstfürsorge haben, können nicht verständnisvoll mit den Belastungsphänomenen ihrer Mitarbeiter umgehen! Sie spiegeln die Klagen ihrer Mitarbeiter an sich selbst und reagieren aus der gleichen Härte heraus, die sie sich selbst entgegenbringen. Führen kann nur, wer sich selbst führen kann. Das bedeutet auch, selber aus dem eigenen Chef-Hamsterrad auszusteigen. Mitarbeitern Selbstbestimmung und Selbstorganisation zuzubilligen, ohne das für sich selber zu tun, wird schwerlich funktionieren. Und das offenbart die Herausforderung des *kulturellen* Change der digital-kulturellen Transformation: Alle sind gefragt, sich weiterzuentwickeln. Es geht nicht um Methoden, Tools und Arbeitsorganisation. Es geht um den Umgang mit sich selbst und anderen, um Vertrauen und Haltung sich selbst und anderen gegenüber und letztlich eine Auseinandersetzung mit der Frage, was uns Menschen ausmacht. Und wenn der Chef oder die Chefin auf diesem Weg nicht vorangeht, wird es nicht möglich sein, dies im Unternehmen nachhaltig umzusetzen. Und daher schauen wir uns mittlerweile eigentlich nur noch die Veränderungsbereitschaft des Menschen in der CEO-Rolle an, wenn wir für Beratungsprozesse angefragt werden. Nach 15 Jahren Beratung kann man konstatieren: Mit einem in dieser Rolle wirklich veränderungsbereiten Menschen hat das Unterfangen eine echte Chance. Ohne diese Bereitschaft wird der Change ein weiteres Projekt, das scheitert.

Digital Leadership – Wunderwaffe oder alter Wein in neuen Schläuchen

Das ganze Konzept Führung ist reif für eine Redefinition.

Reinhard Sprenger

Führung ist ein weites Feld. Wir haben uns im vorherigen Kapitel damit auseinandergesetzt, was wirkungsorientierte Führung bedeutet. In diesem Kapitel schauen wir auf die neue Sau, die durchs Dorf getrieben wird: Digital Leadership.

Digital Leadership hat zwei sehr relevante Komponenten, auf die wir hier, in Ergänzung zu unseren Ausführungen im vorherigen Kapitel – die natürlich ebenso für Digital Leadership gelten –, fokussieren wollen.

Erstens wird es künftig kaum noch die festen Belegschaften geben, die wir heutzutage kennen. Mit moderner Ressourcensteuerung werden Kompetenzen den Projekten zugeordnet, um diese optimal durchzusteuern. Für dieses Phänomen hat sich der Begriff „Gig-Ökonomie" etabliert. Er bedeutet, dass gefragte Fachkräfte für „Gigs" von Projekt zu Projekt wandern wie Musiker, die Tourneen absolvieren. Führungskräfte, die im Unternehmen bleiben, müssen diesen „Gig-Workern" die Werte und die Kultur des Unternehmens schnell vermitteln können, damit eine gute Kooperation gelingt. Wir erinnern an dieser Stelle an das 1965 entwickelte Phasenmodell von Bruce Tuckman, einem US-amerikanischen Psychologen, das die aufeinander folgenden Entwicklungsschritte für Gruppen beschreibt: Forming, Storming, Norming und Performing. Nach seiner Logik fängt man immer wieder beim Forming an, sobald eine neue Person hinzukommt oder jemand das Team verlässt. Zurück auf Start – und das in regelmäßiger Abfolge. Das Gig-Working muss unter Team- und Kooperationsperspektive intensiv gesteuert werden, damit es funktioniert.

Daher ist es künftig eine explizite Aufgabe von Führung, zielgerichtete Kooperationen, und zwar weit über Fach-, Inhalts- und Bereichsgrenzen hinweg, anzustiften, damit das Gig-Working reibungslos und effizient ablaufen kann. Das ist deutlich schwieriger als die Weitergabe von Anweisungen und Zielen an Einzelne oder Teams. Zur Natur der Kooperation gehört, dass sie nur erfolgt, wenn sie eine Sinnstruktur für die Menschen aufweist. Das zeigt die Geschichte. Dass Mercedes nun mit dem ärgsten Rivalen BMW kooperiert und gemeinsame Unternehmen für Mobilität gründet, basiert auf der Einsicht, dass beiden Unternehmen ohne eine Kooperation eine relevante Wettbewerbsverschlechterung droht. Dass beide Seiten dies u. U. nicht unbedingt gern tun, ist nicht von Bedeutung, da die Kooperation von einem gemeinsamen Ziel und Sinn getragen ist. Nicht anders läuft es mit Führungskräften und Mitarbeitern. Die Überwindung des Silodenkens kann man sich ebenso schwer vorstellen wie die Entscheidung von Mercedes und BMW, gemeinsame Unternehmen zu gründen. Das bedeutet, dass Management und Führungskräfte in Unternehmen den Mitarbeitern ein klares Ziel und eine Sinnstruktur bieten müssen, damit diese ihr Silodenken zugunsten einer kooperativen Struktur aufgeben. Es einfach anzuweisen, reicht hier natürlich nicht aus. Management und Führungskräfte sind daher künftig Sinnstifter für Kooperation, aber dafür müssen sie den funktionalen Sinn von Kooperation selbst verinnerlicht haben. Die Grundbedingungen für gelingende Kooperation haben wir ja bereits in vorherigen Kapiteln erläutert.

Zum zweiten geht es um gezielte Förderung von Agilität und Kreativität. Menschen werden in aktuellen Strukturen nicht plötzlich agil, nur weil bestimmte Grenzen entfernt oder neue Modelle eingeführt werden. Ein passendes Bild ist hier ein junger Elefant mit einer Metallkugel am Bein, wegen der er sich nur in einem eingeschränkten Radius bewegen kann. Ist der Elefant über Jahre an diese Einschränkung gewöhnt worden, wird er seinen Radius später kaum erweitern, obwohl die Kugel wegen seiner mittlerweile erreichten Körpergröße und Stärke kein Hindernis mehr darstellt. Er hat es *gelernt*, sich nur in einem kleinen Radius zu bewegen.

Viele Menschen sind es ebenfalls gewohnt, in ihren Unternehmen eingeschränkt zu denken und zu handeln. Das wurde über mangelnde Führung, sinnentleerte Zielvereinbarungssysteme und etablierte Egoismen erlernt. Insofern ist Agilität auch eine Führungsdisziplin. Alte Denk- und Handlungsmuster müssen nachhaltig verändert und neue – agile – Muster erlernt werden. Hier ist Führung gefragt: Mitarbeiter darin zu unterstützen, Zwischenlösungen zu entwickeln, gemeinsam mit ihnen die Fortschritte zu überprüfen und kontinuierlich zu verbessern, proaktiv und antizipativ handeln und umsteuern zu können, wenn sie in einer Sackgasse gelandet sind.

Es dürfte ein Mythos sein, dass Menschen durch mehr Freiheit automatisch mehr Verantwortung übernehmen oder flexibler werden. Zum einen haben sie das freiheitsbeschränkte Denken und Handeln erlernt und zum anderen ist es eine Falschannahme, dass das Tauschgeschäft. „Freiheit gegen Verantwortungsübernahme" von jedem Mitarbeiter angenommen wird. Das lässt sich unserer Beobachtung nach nicht voraussetzen.

Peter Druckers Mantra ist heute so aktuell wie damals: Es gilt, eine Systematik zu entwickeln, um Gruppen von Menschen im Unternehmen dazu zu befähigen, ihre Kreativität einzubringen (entgegen vorheriger Bewegungseinschränkungen im Denken), Neues auszuprobieren und gemeinsam, selbstständig und frühzeitig die Notwendigkeit für einen Richtungswechsel zu erkennen, falls dieser notwendig wird. Peter Drucker hat damit bereits früh die Grundsätze agilen Arbeitens skizziert. Dieses Vorgehen ist eine Form der natürlichen (Mit-)Verantwortungsübernahme, die seitens der Führungskräfte einen anderen Umgang mit Mitarbeitern erfordert. Im Vordergrund stehen hier nicht die Inhalte und Tools, sondern vielmehr die psychologischen Aspekte von Gruppendynamik, Motivation und vor allem psychologischer Sicherheit. Es geht um emotionale Intelligenz (auch eine Form der Agilität!), Menschen in der Kreativitätsentwicklung zu begleiten und sie darin zu fördern und zu fordern. Und damit ist Agilität nicht eine Frage der Methode, sondern eine eigene Führungsdisziplin, mit der Menschen befähigt werden, selbstständig und miteinander produktiv zu sein und frühzeitig notwendige Richtungswechsel zu erkennen.

Für diese neue Definition und dieses neue Selbstverständnis von Führung ist es ausschlaggebend, diese neuen Rollen im Unternehmen auf Kompetenz- und Methodenebene neu zu entwickeln und dann auch – im Soll-Ist-Vergleich – mit den Führungskräften offen über eigene Entwicklungsnotwendigkeiten und -wünsche zu sprechen. Der eine oder die andere wird angesichts dieses neuen Profils vielleicht nicht mehr als Führungskraft tätig sein wollen – und andere wiederum werden sich nun erstmalig in dieser Rolle wiederfinden, weil hier ihre spezifischen Kompetenzen endlich abgefragt werden.

Aufseiten der Mitarbeiter reichen durch Führung erwirkte kontinuierliche Verbesserungen oder Effizienzsteigerungen durch Lerneffekte nicht aus. Dann bleibt Neues im Alten. Denn wer „nur" lernt, der füllt seine aktuellen Denkstrukturen lediglich mit neuen Inhalten. Damit ändern sich aber nicht per se Wahrnehmung und Denkstruktur (s. Darlegungen zu den Mechanismen des Gehirns). Man weiß einfach nur mehr. Mitarbeitern wirklich Neues zu vermitteln, sie daran wachsen zu lassen und im Ergebnis neue Denk- und Handlungsmuster zu unterstützen, kommt nun als Zielstellung von Führung hinzu. Das erfordert eine Art „Beidhändigkeit" von Führungskräften, konservative lern- und verbesserungsorientierte Methoden und Effizienzeffekte dort einzusetzen, wo es geboten ist, und ebenso Kreativität und Kooperation in neuen Denk- und Handlungsmustern zu ermöglichen, wo es möglich und nötig ist.

Es gibt kein Richtiges im Falschen

Unternehmen müssen damit aufhören, das Neue einzuführen, gleichzeitig aber am Alten festzuhalten.

Markus Albers

Viele vermeintlich neuen Grundsätze für „Digital Leadership" sind gar nicht neu. Sie wurden Führungskräften schon länger ins Stammbuch geschrieben – allerdings im permanenten Spannungsverhältnis zu den parallel gesetzten Effizienzzielen (Double Bind zwischen menschenzentrierter Führung einerseits und dem Erreichen harter Ziele andererseits).

Nicht selten wurde dieser *Double Bind* über die Inkompetenz-Attribution einzelner Führungskräfte aufgelöst („Der kann es eben einfach nicht!"). Ob es überhaupt möglich war, beide Pole miteinander zu verbinden, zählt in diesen Fällen nicht. Nicht wenige Führungskräfte sind hier im Burnout gelandet, weil sie von beidem nicht lassen wollten bzw. konnten. Hier ist die CEO-Rolle explizit gefragt – sie muss in diesem Fall neue Impulse in die Organisation senden. Denn: Auch in Zukunft wird sich eine Führungskraft angesichts der Frage „Agile Selbstorganisation fördern oder effiziente Ergebnisse sichern?" (Double Bind) eher für die Effizienz entscheiden, und zwar nicht nur, weil sie in der Regel nach Effizienz vergütet wird, sondern auch, weil diese Entscheidung dem gewohnten und sicheren Setting entspricht. Hier kann nur die CEO-Rolle helfen. Wenn Sie bereit sind, diesen Double Bind zugunsten der

Weiterentwicklung Ihres Unternehmens aufzulösen und damit den Führungskräften ein realistisches Umfeld zur erfolgreichen Bewältigung des Change zu bieten, kann der Wandel gelingen. Lassen Sie in Ihrer Steuerung alles auf Effizienzkurs, brauchen Ihre Führungskräfte gar nicht erst anzufangen, denn der Ausgang ist vorhersehbar.

Nur wenn Sie künftig Zielerreichung über neue Führungs- und Arbeitsformate miteinander verknüpfen (ein Sowohl-als-auch), werden Führungskräfte sich in die neue Rolle hinein entwickeln können. Sie müssen es tun dürfen. Bleibt es bei dem Widerspruch zwischen Zielerreichung und New-Work-Führungshaltung, wird sich der erste Aspekt weiterhin zwangsläufig durchsetzen, da sich Führungskräfte nicht zuletzt (oft unbewusst) für die Erledigung der Vorgaben des Bereichs entscheiden, der die größte Erwartungshaltung und der massivsten Druck aufbaut (der *innere Wirt* wird schon dafür sorgen).

New Work bedeutet auch und vor allem Abschied von der Präsenzpflicht am Arbeitsplatz und steht für selbst organisiertes, flexibles Arbeiten. Da ergibt sich natürlich die Frage, welche der Regeln, die für eine mit Präsenzpflicht organisierte Arbeit gelten, für das neue Arbeiten noch sinnvoll sind.

Diese Frage stellen sich leider viele Unternehmen gar nicht, sondern es kommt zu einem Zwitterzustand zwischen beiden Arbeitsmodellen. Es gibt Anwesenheitspflichten (Minimum während einer Kernarbeitszeit) und gleichzeitig den Anspruch ständiger Erreichbarkeit. Im Ernst, das ist kein Ausgleich dafür, dass ich über New-Work-Flexi-Modelle die Freiheit bekomme, keinen Urlaubstag nehmen zu müssen, weil der Heizungsableser kommt. Im Übrigen ist es auch nicht jedermanns Sache, so flexibilisiert zu sein, dass Arbeit und sonstiges Leben sich noch mehr vermischen, als dies ohnehin schon der Fall ist. Wir denken an den Personalleiter und die gemeinsame „Game of Thrones"-Kinosession am Arbeitsplatz. Work-Life-Balance-Konzepte (die heutzutage schon veraltet wirken) sind einer immer stärkeren Vermischung diverser Lebensbereiche gewichen, mit angeblich maximaler Gestaltungsfreiheit – allerdings über einen Zwölf-Stunden-Tag verteilt. Jeder Arbeitsmediziner oder Arbeitspsychologe kann Ihnen bei solch einem Vorgehen die Produktivitätsverluste vorrechnen. Dennoch geschieht es.

Unserer Ansicht nach fehlt es am ganzheitlichen Dialog über diese Themen, denn leider beschränkt sich der New-Work-Diskurs in vielen Unternehmen auf die Einführung von chic eingerichteten Workspaces (früher „Großraumbüro" genannt, etwas, das es nun wirklich schon lange gibt), ein bisschen Remote-Arbeiten und die Einführung von agilen Methoden. Die Zukunft der Arbeit wird dabei ganz sicher nicht erfunden. Die alte Formel Anwesenheit = Produktivität gilt nicht mehr (so sie denn überhaupt jemals galt).

Wenn wir New Work produktivorientiert interpretieren, dann reden wir über Arbeitserleichterung und Arbeitsverringerung mittels Automatisierung. Über Produktivitätssteigerung durch menschzentrierte Arbeitsformate und über verringerte Arbeitszeit ohne Produktivitätsverlust, weil die Art, die Arbeit zu tun, sich derart verbessert hat. Das ist so ziemlich das Gegenteil von zusammen „Game of Thrones" schauen. Vielleicht ist es auch nicht mehr New Work, sondern bereits Next Work.

Eines noch zum Schluss: Technologischer Fortschritt muss im Ergebnis vom Präsenzdogma befreien, um echtes selbstbestimmtes Arbeiten zu ermöglichen. Um das leistungserhaltend einzuführen, muss es eine Art neuen Feierabend geben. Die Erwartung, dass Mitarbeiter nun – da es technisch möglich ist – jederzeit erreichbar sind und gleichzeitig „von 9 to 5" im Büro sein sollen, führt zu einer Art der Überlastung, die mittlerweile empirisch gut untersucht ist und alle bisherigen Krankenquoten in den Schatten stellen wird. Es braucht also klare Regeln, wer wie erreichbar sein muss bzw. soll und wann der „neue" Feierabend einsetzt.

Darüber hinaus müssen neue Methoden und Tools aus Produktivitätsperspektive betrachtet werden. Wird hier Menschen geholfen, erfolgreicher und damit selbsterfüllter zu arbeiten? Oder bürdet man ihnen in Zukunft noch mehr auf?

Das mechanistische Menschenbild (Menschen sind wie Maschinen steuerbar, mit Führung sozusagen als Bedienhebel) ist in Zeiten, in denen es deutlich weniger Menschen im Arbeitsleben braucht bzw. viele mit einem völlig veränderten Skill-Set, ein sehr schlechter „innerer" Ratgeber für Führungskräfte. Denn die im Rahmen des technologischen Fortschritts nicht ersetzbaren Menschen werden künftig umso wichtiger sein und in den Unternehmen der Zukunft den Unterschied machen. Sie müssen all das tun, und zwar in Bestform, was Maschinen den Menschen nicht abnehmen können bzw. sollen. Damit wird der Mensch zu einem entscheidenden Bestandteil der Wertschöpfungskette, und Führung stellt im Rahmen der digital-kulturellen Transformation einen überproportional erfolgskritischen Faktor dar.

In Anbetracht der Tatsache, dass eine nicht unbeträchtliche Anzahl von Führungskräften wenig bis keine Zeit für diese Beziehungsarbeit hat oder für diese nur schlecht ausgebildet oder von ihrer Persönlichkeit her nicht geeignet ist, gibt es einiges zu tun. Die Effizienz von Führung bemisst sich künftig an ihrer Wirksamkeit in puncto Beziehungsarbeit und nicht mehr daran, wie viel erfolgreich delegiert wird. Die Wirksamkeit von Führung ist abhängig von wirkungsorientierter Kommunikation. Die Ergebnisse der eigenen Führungsinteraktionen auf ihre Wirksamkeit hin zu beobachten und zur Not umzusteuern, ist daher im Ergebnis eine Frage der Effizienz. Und damit wird Führung agil. Denn Agilität in der Führung heißt, proaktiv und antizipativ in Bezug auf andere Menschen zu handeln und sich für die Möglichkeit zu wappnen, dass die eigene Absicht nicht die Wirkung beim Mitarbeiter zeigt, die man beabsichtigt hat – und dann in der Lage zu sein, dies zu reflektieren. Sofort umzusteuern, wenn der eingeschlagene Weg eine Sackgasse darstellt, ist ein Kernelement agiler Führung.

In Kürze:

Veränderungsansätze für Strategiearbeit und Management

→ Gehen Sie davon aus, dass der Mensch mit einer ganz anderen Bedeutung für Unternehmen in die Wertschöpfungskette reintegriert werden wird? Wenn ja, was würde das für Ihr Unternehmen bedeuten?

→ Wohin sollten Sie sich selber in Ihrer Rolle entwickeln, um ein authentisches Vorbild für diese Entwicklung zu sein?

→ Erhöhen Sie gezielt Ihre Kompetenz sowohl im Umgang mit Ihrer eigenen Unsicherheit als auch der Ihres Management-Teams.

→ Sorgen Sie explizit für Sicherheit und Stabilität durch eine gezielte Kommunikationsstrategie und authentisches Auftreten als Grundbedingung für Veränderung.

→ Entwickeln Sie eine ausreichend starke Bindungskultur für den Change in der digital-kulturellen Transformation; diskutieren Sie diese Fragen offen im Rahmen der Strategieentwicklung.

→ Wie wirksam sind Ihr Management-Team und Sie darin, Menschen zu Innovationen und Kreativität zu führen? Welche bisherigen Führungsmuster müssten sich verändern, um hier erfolgreicher und wirksamer zu sein?

→ Begeben Sie sich in Dialoge mit deutlich jüngeren Menschen, die aus einer völlig anderen (fachlichen) Perspektive auf Ihr Unternehmen schauen.

→ Inwieweit hören Sie diesen jungen Menschen zu und nehmen die Ansichten ernst, die sie vertreten? Initiieren Sie einen ernsthaften Generationendialog in Ihrem Unternehmen.

Fazit und Veränderungsansätze

→ Wie sieht Ihre Idee für eine digitale Qualifizierungsoffensive im Management aus?

→ Reflektieren Sie die Führungswirksamkeit Ihres Management-Teams.

→ Welche Idee von künftigem Leadership verfolgen Sie für Ihr Unternehmen? Und wie gestalten Sie die Entwicklung dorthin?

→ Welche Arten von fachlichen, menschlichen und prozessualen Kooperationen müssen Sie anstiften, um Ihr Unternehmen und auch sich selbst weiterzuentwickeln?

→ Wie kooperativ erleben Sie Ihr Managementteam? Gibt es (noch) Silodenken?

Individuelle Veränderungsansätze in der Managementrolle

→ Reflektieren Sie Ihr eigenes Bindungsbedürfnis und den Umgang mit Bindung im Unternehmen.

→ Evaluieren Sie Ihre eigene Kooperationskompetenz.

→ Wo in Ihrem Unternehmen fühlen Sie sich in Ihrem Selbstwert bedroht, wenn Sie mit Mitarbeitern konfrontiert werden, die über digitale Kompetenzen verfügen, welche deutlich über Ihre persönlichen Kompetenzen hinausgehen? Und ist das vielleicht ganz besonders der Fall, wenn Sie Menschen gegenüberstehen, die deshalb über ganz andere Perspektiven auf Ihr Unternehmen verfügen?

→ Wie steht es mit der Wirksamkeit Ihrer Führungsarbeit? Wie messen Sie diese? Sichern Sie ab, ob die von Ihnen beabsichtigte Aussage die angestrebte Wirkung beim Empfänger entfaltet.

→ Holen Sie sich dazu gezielt Feedback von anderen ein.

7 —

Im Team mit Aufsichtsrat
und Shareholdern

Aufsicht habe ich nicht gespürt. Rat habe ich keinen erhalten.

Walter Cipa

Die herausfordernde Aufgabe, Unternehmen in die Zukunft zu führen, können CEOs nicht allein stemmen. Und hier liegt vielleicht der größte Unterschied zwischen angestellten Managern und Unternehmern im eigenen Haus: Nur Letztere können grundsätzlich frei agieren. Das ist mit Sicherheit einer der wichtigsten Gründe dafür, warum Unternehmer häufig auch unternehmerischer handeln. Will man sich also nicht einfach nur denen anschließen, die zwar viele Rezepte für CEOs parat haben – die diese „einfach nur umsetzen müssen" –, sie aber ansonsten alleinlassen, muss man einen kritischen Blick auf das Spannungsfeld werfen, in dem sich CEOs bewegen.

Unsere erste Kernthese: Das Verhältnis zwischen Vorstand, Aufsichtsrat und Shareholdern benötigt einen radikalen Wandel, um den Herausforderungen der digitalen Transformation erfolgreich begegnen zu können. CEOs werden künftig nur dann erfolgreich digital-kulturell transformieren können, wenn sie mit den Aufsichtsräten und Shareholdern in eine neue Form des strategischen, fachlichen und kooperativen Dialogs treten (können).

Welche allgemeine Entwicklung ist hier zu beobachten? Aufsichtsräte haben in den vergangenen Jahren immer mehr Pflichten und Kompetenzen erhalten. In der logischen Konsequenz ist auch die mediale Aufmerksamkeit für einzelne Aufsichtsräte, insbesondere für Aufsichtsratsvorsitzende, deutlich gestiegen. Gleiche Tendenzen lassen sich bei prominenten Shareholder-Vertretern beobachten. Diese Prominenz führt gleichzeitig zu – ebenfalls medial präsenten – Handlungseinschränkungen für CEOs. Sie erscheinen zuweilen eher wie Marionetten. Dass Großkonzerne verzweifelt CEO-Kandidaten

Im Team mit Aufsichtsrat und Shareholdern

und -Kandidatinnen suchen, die sie aufgrund der aggressiven Haltung ihrer Shareholder nur noch schwer finden, ist keine Seltenheit mehr. René Obermann hat es damals so ausgedrückt: „Ich fühle mich wie ein Boxer mit Handschellen."

CEOs beklagen insbesondere, dass Shareholder nicht von langfristigen Perspektiven zu überzeugen sind, dass sie sich nur auf den kurzfristigen Ertrag fokussieren. Gleichzeitig bemängeln einflussreiche Shareholder, dass sie in keine langfristige Perspektivengestaltung eingebunden werden. Es gibt offenbar Kommunikations- und Erwartungsmanagement-Themen, über die es zu sprechen gilt. Die rechtliche Komplexität (vor allem: Wer darf mit wem wie überhaupt über was reden, ohne haftbar gemacht zu werden?) erschwert die Situation. Aber der Reihe nach.

„Ich erinnere mich gut, wie mir der damalige Aufsichtsratschef Klaus Zumwinkel sinngemäß gesagt hat: Wenn Sie das machen, dann müssen Sie wissen, wenn etwas schiefgeht, dann ist das immer nur Ihr Thema." (René Obermann über „die Einsamkeit an der Spitze" bei der Telekom)

Die CEO-Autorität beruht weitestgehend auf der Bereitschaft der relevanten Share- und Stakeholder, den CEO-Führungsanspruch auch anzuerkennen und den CEOs Rückendeckung zu geben. Und hier wird es in zweierlei Hinsicht spannend.

Zum einen sind – zumindest in vielen Dax-Konzernen – ehemalige CEOs in die Rolle des Aufsichtsratsvorsitzenden gewechselt. Diese urteilen nun in ihrer neuen Rolle über die Strategie des/der neuen CEO. Die erforderliche Radikalität der neuen Strategien erklärt vielfach die Strategien der Vorgänger, also der jetzigen Aufsichtsratschefs, für obsolet. „Wie soll ein Vorstandschef die Kehrtwende einer Strategie einfordern, die sein Vorgänger verantwortet? Ein Vorgänger, der ihn kontrolliert und der seine Vertragsverlängerung als Vorstand unterzeichnen soll?", legt Claas Tatje in seinem Wirtschaftskommentar anlässlich des Abtritts von Harald Krüger bei BMW den Finger in die Wunde.

Zum zweiten kostet die Umstellung (zumindest in Teilen) von Effizienz auf Agilität und Kultur des Ausprobierens zunächst einmal Kapital, das die Aufsichtsräte freigeben müssen. Dafür muss allen Beteiligten klar sein, dass es sich hier nicht um einen Selbstzweck handelt, sondern vielmehr um das Ziel, auch künftig im Wettbewerb bestehen zu können. Und das ist eine fachliche Hypothese, die man nicht nur überzeugend vertreten muss, sondern die auch fachlich von Stake- und Shareholdern nachvollzogen werden muss. Denn es dreht sich hier um Kapital, bei dem alle Share- und Stakeholder bereit sein müssen, es auch wirklich zu investieren. Gerade bezüglich der fachlichen Kompetenz gibt es aber viele Fragezeichen (s. dazu auch das folgende Kapitel).

Eine – empirisch belegte – mangelnde Fachkenntnis der Aufsichtsratsgremien kann nur über eine hohe CEO-Glaubwürdigkeit und die Güteklasse der Strategie, die digital-kulturelle Transformation umzusetzen, ausgeglichen werden. Dazu bedarf es einer kooperativen und vertrauensaufbauenden Kommunikation zwischen den CEOs, dem Aufsichtsrat und den Shareholdern, damit diese ihr „Buy-in" geben. Eine solche vertrauensvolle Kooperation mit dem Aufsichtsrat würde – idealerweise – bedeuten, dass der Aufsichtsrat zum Sparringspartner für CEOs avanciert. Das setzt jedoch bestimmte kommunikative Kompetenzen aufseiten des Aufsichtsrates voraus. Gerade beim Thema Konfliktbereitschaft gibt es allerdings, laut einer Studie aus 2018, großen Handlungsbedarf bei Aufsichtsräten. Ebenso wurde großer Handlungsbedarf ermittelt hinsichtlich der Bereitschaft, sich mit Problemen auseinanderzusetzen und kritische Fragen zu stellen. Auch die Unabhängigkeit sowie die Unternehmensstrategie und -steuerung müssen ins Auge gefasst werden. Aufsichtsräte haben daher offensichtlich ebenfalls eine Menge zu lernen, um sich zum konstruktiv-kritischen Partner des/der CEO im Umgang mit Unsicherheit zu entwickeln.

Das bedeutet für Sie eine intensive Auseinandersetzung mit der Agenda des Aufsichtsrates auf der Sachebene sowie ein Erfassen der Beziehungsebene, um in beiden Ebenen aktiv Vertrauensaufbau betreiben zu können. Ziel ist es hier, einen kooperativ kritischen, vor allem aber offenen Dialog über Zukunftsszenarien zu führen, um so auch aktiv das Erfahrungswissen des Aufsichtsrates wertschätzen und damit auch nutzen zu können. Das

wird es mit Sicherheit bereits jetzt schon in einigen Aufsichtsräten geben. Zukünftig wird es jedoch eine Bedingung für die
Wettbewerbsfähigkeit von Unternehmen sein, dass sich Aufsichtsräte fachlich deutlich weiterentwickeln.

Die als Vorbilder benannten amerikanischen CEOs sind
nicht zufällig so mutig. Hinter ihnen stehen Bords und Shareholder, die bereit sind, ebenfalls unternehmerische Risiken
einzugehen. Das ist ein großer Unterschied – vielleicht sogar
der entscheidende.

Aufsichtsräte haben auch kein Patentrezept für die Zukunft

In times of change the greatest danger is to act with yesterday's logic.

Peter Drucker

Unsere zweite Kernthese: Aufsichtsräte haben ebenso viele Fragen angesichts der Ungewissheit der Zukunft wie die CEOs, nur
dass sie die notwendigen Strategiewechsel fachlich noch weniger gut einschätzen können, weil sie über noch weniger digitales Knowhow verfügen als ihre CEOs.

Auch für den Aufsichtsrat, dessen originäre Aufgabe es eben ist,
Aufsicht zu führen, reicht Erfahrungswissen nicht mehr aus.
Wenn im Rahmen der digital-kulturellen Transformation der
Umgang mit Komplexität und Ungewissheit die zentrale unter-

nehmerische Herausforderung darstellt, dann ergibt sich daraus logischerweise, dass diese die zentrale Herausforderung für Aufsichtsräte ist, da sie die Geschäfte überwachen müssen.

Die fachliche und demografische Zusammensetzung deutscher Aufsichtsräte gibt, was das betrifft, allerdings wenig Anlass zur Hoffnung. Es findet sich zwar immens viel Erfahrungswissen, aber wenig bis kein digitales Knowhow oder Erfahrungen mit neuen Management-Designs. Knapp 60 % der Aufsichtsräte sind 60 bis über 70 Jahre alt und Wirtschaftswissenschaftler oder Juristen. Der Frauenanteil ist zwar auf 29 % gestiegen, fachliche Diversität gibt es jedoch kaum. Das lässt auf ein wenig ausgeprägtes Bewusstsein schließen, dass eine qualifizierte Beurteilung der teilweise radikalen Strategiewechsel, die im Zuge der digital-kulturellen Transformation von Unternehmen vollzogen werden müssen, eine fachliche Qualifizierung der Mitglieder des Aufsichtsrats bedingt, da sie mit bisweilen völlig neuartigen Fragestellungen, Geschäftsmodellen und Risikolagen konfrontiert sein werden. Diese besonderen Anforderungen werfen daher die Frage auf, welche neuen Kompetenzen und Strukturen in den Aufsichtsräten benötigt werden, um eine effektive Governance in Zeiten digitalen Wandels zu gewährleisten.

Wenn Management-Teams interdisziplinär besetzt werden müssen, um eine Multiperspektive auf zukünftige Szenarien im Rahmen der digital-kulturellen Transformation zu bekommen, gilt das Gleiche natürlich auch für Aufsichtsratsgremien, die über genau diese Zukunftsszenarien Aufsicht führen sollen. Und das führt wiederum zu einem qualitativen Schwerpunktwechsel in der Kontrolle: von der reinen Zahlenaufsicht zum strategischen, qualitativen Dialog.

Es ist also nicht effektiv, wenn CEOs sich auf den Weg machen, in neuen Denkformaten mutige Zukunftsszenarien zu entwickeln, und der jeweilige Aufsichtsrat massiv auf die Bremse tritt, weil er dieses Vorgehen weder nachvollziehen noch kontrollieren kann und sich in eigene bewährte Sicherheitsmuster zurückzieht, die ihm das Gefühl geben, das Ganze beherrschen zu können. Hier reden wir übrigens wieder einmal nicht von einem reflektierten Vorgehen, sondern eher von einem

unbewussten „Da zieht es uns hin!" (der *innere Wirt*). Hinzu
kommt: Die massiv gestiegene Aufmerksamkeit auch für Aufsichtsratsvorsitzende befeuert (unbewusst) deren eigene Sicher-
heitsbedürfnisse, sodass es in der Folge zu den gleichen Ver-
meidungshandlungen wie bei den CEOs kommt. Wenn die
Aufsichtsräte weiterhin auf kurzfristigen Shareholder Value fokussiert bleiben, ist es unwahrscheinlich, dass CEOs die Chance
bekommen, das Unternehmen mutig weiterzuentwickeln – selbst
wenn sie es wollten.

Und wer entwickelt eigentlich die Aufsichtsräte, damit sie fit
sind für die Kontrolle von Strategien zur digitalen Transformation? Hier kann nur der Dialog zwischen CEO und Aufsichtsrat
helfen, ein gemeinsames Bild der Zukunft zu entwerfen, sowohl für das Unternehmen als auch für die Art und Weise der
Zusammenarbeit und Kooperation. Denn: Wenn sich aus dem
Trio CEO, Aufsichtsrat und Shareholder nur eine oder zwei
Parteien entwickeln, ist eine künftig erfolgreiche Kooperation
ebenso unwahrscheinlich wie die strategisch erfolgreiche
Weiterentwicklung des Unternehmens im Rahmen der digital-
kulturellen Transformation.

Der Wandel, der auf Unternehmensebene bei CEOs und Management-Teams vollzogen werden muss, ist ebenso in Aufsichtsratsgremien zu vollziehen. Aber wie genau agiert ein agiler Aufsichtsrat? Und wer definiert eigentlich die Anforderungen
an ihn – jenseits der rechtlichen Strukturen in der Steuerung
von Ungewissheit und digital-kultureller Transformation? Diesen Dialog können nur mutige CEOs anstoßen.

Die Zwickmühle
des Aufsichtsrats

*Wer in exponentiellen
Zeiten seine Leistung nur
schrittweise verbessert,
fällt exponentiell zurück.*

Curt Carlson

Unsere dritte Kernthese: Aufsichtsräte benötigen ebenso viel unternehmerischen Mut wie die von ihnen beaufsichtigten Vorstände.

Aufsichtsräte stehen in der Verpflichtung, die Strategien des Unternehmens an die Shareholder zu vermitteln. Die neuen Gesetze zur Kapitalmarktkommunikation ermöglichen bzw. erfordern es sogar. Dafür sollte die Strategie im Aufsichtsrat nicht nur ausreichend bekannt, sondern auch von Engagement getragen sein. Angesichts dieser Herausforderung haben 42 % der DAX-Aufsichtsräte mittlerweile einen Strategieausschuss eingerichtet. Gleichzeitig steckt der Aufsichtsrat im Shareholder-Value-Umfeld ebenso in der Zwickmühle wie bei der nachhaltigen Weiterentwicklung der Organisation im Widerspruch zur kurzfristigen Wertsteigerung (maximale Effizienz) für die Shareholder. Das ist vor allem dann schwierig, wenn nicht darüber diskutiert werden kann.

Gleichzeitig werden gesetzliche Rahmenbedingungen immer enger und haftungsbedrohlicher. Sie erinnern sich an die Alarmanlage im Gehirn? Wenn ich wählen muss zwischen der eigenen Absicherung und dem mutigen Schritt ins Ungewisse,

Im Team mit Aufsichtsrat und Shareholdern

nun ... das lässt sich nur auflösen über eine vertrauensvolle Kooperation, die, die Haftungsregeln beachtend, dennoch offen
diese Zwickmühlen benennt. Dass der Gesetzgeber das Ganze
deutlich leichter machen könnte, liegt auf der Hand. Dort die
Lösung zu suchen, erscheint jedoch nicht hilfreich, da wir es –
zumindest in Deutschland – mit einer sehr reaktiven und weniger antizipativen Legislative zu tun haben.

Die Herausforderung wird also sein, eine enge strategie-
bezogene und vertrauensvolle unternehmerische Zusammenarbeit zwischen CEOs und Aufsichtsrat einerseits und zwischen
dem Aufsichtsrat und den Shareholdern andererseits zu etablieren, ohne gleichzeitig gesetzliche Überwachungsvorschriften
zu verletzen und damit Haftungstatbestände auszulösen.

Verlangt man CEOs unternehmerischen Mut ab, so gilt
die Forderung also gleichermaßen für den Aufsichtsrat und die
Shareholder. Nur mit diesen Parteien an ihrer Seite werden
CEOs die digitale Transformation bewältigen können.

*„Die Gesellschaft verlangt, dass Firmen (...) einem gesell-
schaftlichen Zweck dienen. Um auf lange Sicht hin erfolgreich zu
sein, genügt es nicht, einen Mehrwert für die Aktionäre zu schaffen.
Ein Unternehmen muss auch zeigen, dass es einen positiven Beitrag
für die Gesellschaft leistet (...)."* Dieses Zitat von Larry Fink, Geschäftsführer und Vorstandsvorsitzender der Fondgesellschaft
BlackRock (über 600 Billionen verwaltetes Vermögen), ent-
stammt seinem Brief an mehrere Hundert CEOs, in dem er auch
die spannende Aussage macht, dass die Unternehmen, die diesem Anspruch künftig nicht genügen und keinen gesellschaft-
lichen Beitrag leisten werden, riskieren, die Unterstützung von
Blackrock zu verlieren. Das ist unzweifelhaft ein fulminanter
Anfang, die dominante Shareholder-Value-Perspektive etwas
aufzubrechen und Raum für „zweckgebundene" Innovationen
und Kreativität in den Unternehmen zu schaffen. Auch US-Top-
manager von Apple und Amazon wollen sich vom Shareholder-
Mantra verabschieden. Der Verband der Unternehmenslenker
„Business Round Table", dem JP-Morgan-Chef Jamie Dimon vor-
steht, will den Shareholder Value nicht mehr an die erste Stelle
setzen. Rund 200 amerikanische Vorstandsvorsitzende, darunter auch Jeff Bezos und Tim Cook, riefen kürzlich in einem gemeinsamen Schreiben zum Umdenken auf. Die Profitmaximie-

rung für die Aktionäre solle nicht mehr das wichtigste Ziel für die Unternehmen sein. Stattdessen sollten alle sogenannten Stakeholder – von Mitarbeitern über Kunden und Zulieferer bis hin zu den lokalen Gemeinden – beachtet werden.

Mit dem jüngsten Schreiben hat sich eine neue, mächtige Stimme in die Diskussion um die Lage des Kapitalismus eingemischt. Bereits zuvor kritisierten einzelne Unternehmenschefs und Finanzinvestoren, wie z. B. Ray Dalio vom Hedgefonds Bridgewater, die Entwicklung, zu der die Shareholder-Value-Fokussierung beigetragen hat.

Diese neueste „Erklärung über den Zweck eines Unternehmens" stellt eine Revolution dar – steht sie doch im krassen Widerspruch zur Erklärung von 1997, in der noch der Gewinn für die Aktionäre klar als erstes Ziel genannt wurde. Und doch ist es bis zu einem effektiven Umsteuern der einzelnen Unternehmen noch ein weiter Weg. Denn wie wir bereits mehrfach festgestellt haben: Agilität kostet zunächst (!) Effizienz, muss aber zugleich als Investition in die Zukunft begriffen werden, um erfolgreich die digitale Transformation zu bewältigen. Hier ist der Aufsichtsrat gefragt, bei den Shareholdern für die Entwicklung einer nachhaltigen Perspektive zu werben, insbesondere um die kostenintensive Umbauphase von effizienzgetriebenen Unternehmen in dual agierende (kreativ, agil und effizient) zu unterstützen. Dies wird zusätzliche Ressourcen (Organizational Slack) und Leadership-Entwicklung erfordern, sodass auch auf der Kostenseite höhere Aufwendungen vonnöten sind, um die erforderliche unternehmerische Wendigkeit zu erzeugen.

Der Harvard-Professor Michael Porter greift diese Tendenz in seiner Theorie vom Wandel des Shareholder-Value- zum Stakeholder-Value-Ansatz auf, der die Aufmerksamkeit des Topmanagements nicht nur auf die Shareholder, sondern auf alle Gruppen richtet, die eine strategische Beziehung zum Unternehmen haben. Damit rücken auch Kunden und Mitarbeiter in den Fokus des Managements. Seine Kernthese: Themen wie Nachhaltigkeit und gesellschaftliche Verantwortung und somit auch die Vernetzung mit den eigenen Stakeholdern sind keine Randthemen der Corporate Social Responsibility, sondern künftig integraler Bestandteil nachhaltig erfolgreicher Geschäftsmodelle.

Die Boston Consulting Group hat 2017 das Konzept des Total Societal Impact, kurz TSI, entwickelt. Hiernach sollen die ethischen Richtlinien des Unternehmens und die Unternehmenskultur im Einklang mit den Werten einer Gesellschaft stehen. Der TSI lässt sich unter anderem an den Führungsprinzipien erkennen und aus dem Umgang mit natürlichen Ressourcen ableiten. Auch die Qualität der Arbeitsplätze und die gelebte Transparenz fließen mit ein. Investoren bewerten die nach dem TSI verantwortungsvoll ausgerichteten Unternehmen um bis zu 19 % positiver als solche, die nicht nach diesen Richtlinien ausgerichtet sind. Die Gewinnmargen der nach TSI ausgerichteten Unternehmen liegen übrigens merklich höher als der Durchschnitt.

Diese Entwicklungen, so sie aktiv genutzt werden, geben CEOs einen deutlich größeren Spielraum, ihre Unternehmen nachhaltig zu entwickeln, auch wenn dies zunächst hohe Umbaukosten bedeutet. Das Vertrauen in eine nachhaltige Strategie und die sich daraus ergebende Rückendeckung der Shareholder ermöglicht CEOs und Aufsichtsräten eine zielgruppengerechte Argumentation, die sich deutlich vom Shareholder-Value-Ansatz hin zu einer sinngetriebenen, qualitativ höherwertigen und im Ergebnis betriebswirtschaftlich nachhaltig erfolgreichen Investmentperspektive entwickelt.

Gleichzeitig haben viele Aufsichtsräte mehr denn je mit aktivistischen Shareholdern zu tun. 60 bis 80 % des Dax-Kapitals kommt aus dem Ausland, wo eine von Shareholder Value geprägte Governance gilt.

Peter Dehnen, Gründer und Vorsitzender des VARD (Verband der Aufsichtsräte in Deutschland) dazu in einem Interview: „Alle Aktivisten wollen ihren Schnitt machen, schnelles Geld sehen. Dafür bewegen sie sich bis in den roten Bereich, greifen zu Maßnahmen unter der Gürtellinie, die wir hierzulande nicht gewohnt sind. Das Problem liegt im deutschen Aktienrecht und im deutschen Kodex. Letzterer schreibt nur Spielregeln für die Organe wie den Vorstand und den Aufsichtsrat vor, nicht aber für Stakeholder wie die aktivistischen Aktionäre." Auch diese Herausforderung kann man nur als starkes Aufsichtsratsteam gut bewältigen.

Aufsichtsräte sind aufgefordert, den CEOs den Raum zu geben, die Shareholder-Value-Perspektive und den radikalen Umbau ihrer Unternehmen, der für die digital-kulturelle Transformation erforderlich ist, in eine „Sowohl-als-auch"-Balance zu bringen. Erst dann wird es CEOs möglich sein, unternehmerisch mutig in die Zukunft zu steuern.

Umsetzungskompetenz – Vertrauensfaktor Nr. 1

Die meisten schauen zurück, und wünschen sich, es wäre noch alles wie früher.

So ein CEO, befragt im Rahmen einer CEO-Studie von IBM zum Thema „Komplexität".

In einer Befragung von Kapitalmarktteilnehmern durch FTI Consulting wurde ermittelt, dass neben der Umsetzungskompetenz kein anderer Faktor die Meinungsbildung der Investoren und Analysten mehr bestimmt als die bisher gezeigte Fähigkeit der CEOs, die eigenen Pläne und Strategien auch in die Tat umzusetzen. 80 % aller befragten Teilnehmer gaben an, dass sie die Effektivität von CEOs an ihrer Fähigkeit messen, Strategien umzusetzen. Die finanzielle Performance oder der Aktienkurs tragen hingegen nur 9 bzw. 3 % zur Bewertung bei.

Was bedeutet das für die Steuerung von Ungewissheit? Es werden nur diejenigen CEOs eine hohe Umsetzungskompetenz aufweisen, die adäquate Steuerungsmechanismen für den

Im Team mit Aufsichtsrat und Shareholdern

Umgang mit Ungewissheit etabliert und damit sowohl den not-wendigen Wandel vollzogen als auch das entsprechende Um-feld für sich geschaffen haben, um auch in kritischen Phasen des Unternehmensumbaus Rückendeckung zu bekommen.

Hier beißt sich die Katze in den Schwanz. Investoren vertrauen CEOs mit hoher Umsetzungskompetenz. Diese er-fordert in Zeiten von Ungewissheit und Komplexität unterneh-merische Fähigkeiten, agile Management-Designs und Tools, um erfolgreich agieren zu können. Für diesen Weg braucht es einen Change, der umfassend ist und hohe Investitionen er-fordert – und zwar ohne methodische Absicherung des Return on Invest. Hierfür werden wiederum die Rückendeckung und Investitionsbereitschaft der Shareholder benötigt. Willkommen im Unternehmertum!

Der Beziehungsaufbau ist, neben dem Strategie-Commitment
und der fachlichen Weiterentwicklung der Protagonisten, das
Herzstück der künftigen Zusammenarbeit zwischen CEOs und
Aufsichtsrat. Gemeinsam durch den unbekannten Dschungel
zu gehen bedarf eines vertrauensvollen Umgangs, der von
grundsätzlich ähnlichen Vorstellungen über Ziel, Weg und Umgang und vor allem von Vertrauen geprägt ist. Diese Entwicklung entscheidet aus unserer Sicht über die künftige Wettbewerbsfähigkeit eines Unternehmens.

Neue digitale Geschäftsmodelle und digitale Geschäftsmo-
delladaptionen stellen zweifelsohne das größte Wachstums-
potenzial im Zuge der digital-kulturellen Transformation dar.
Die derzeitige Effizienzperspektive, unter der eine Großzahl
von Digitalisierungsinitiativen – die derzeit auf Vorstands-
und Aufsichtsratsebene verabschiedet werden – steht, hat
keinen Bezug zu diesen Wachstumspotenzialen. Das hält die
Unternehmen im Ergebnis im alten Fahrwasser und katapul-
tiert lediglich das Effizienzdogma in die Neuzeit. Allein: Innovativer wird dadurch kein einziges Unternehmen. Die Rechnung geht spätestens dann nicht mehr auf, wenn alle Akteure
die finanziellen Effekte der Automatisierung realisiert haben
und nur noch die Innovationskraft über die Wettbewerbsfähigkeit entscheidet.

In Kürze:

Veränderungsansätze für Strategiearbeit und Management

→ Aufsichtsgremien müssen ihr Knowhow ebenso konsequent
   aufbauen wie CEOs, und zwar durch Weiterqualifizierung und
   Neubesetzungen. Nur so kann eine kompetente Beurteilung
   von Geschäftschancen durch digitale Technologien, daten-
   basierte Geschäftsmodelle und die Entwicklung digital kompetenter Nachwuchsmanager und -Managerinnen erfolgen.

→ Aufsichtsgremien müssen adäquate Mess- und Steuergrößen entwickeln, analog zur Weiterentwicklung der Unternehmensplanungs- und Controlling-Instrumente. Gehen Sie hierzu mit Ihren Gremien in den offenen Dialog.

→ Die Stärkung digitaler Kompetenzen in deutschen Aufsichtsräten ergänzt die ebenso wichtigen finanziellen und rechtlichen Kompetenzen, die einen primären Kontrollfokus haben. Mittels dieser Ergänzung kann das vorrangig auf Kontrolle und Risikominimierung ausgerichtete Kompetenzprofil deutscher Aufsichtsräte eine Balance zwischen Zukunftsorientierung und Risikominimierung erreichen.

→ Setzen Sie sich dafür ein, dass dem Aufsichtsrat ein „Digital Advisory Board" mit externen Experten zur Verfügung steht, bei dem sie die notwendigen fachlichen Informationen einholen können. Ein Digitalausschuss im Aufsichtsrat wäre ebenso relevant.

→ Reporten Sie regelmäßig zu Entwicklungen der digital-kulturellen Transformation.

→ Diskutieren Sie die Chancen und Risiken neuer Aufbauorganisationen und agiler Methoden im Rahmen des Strategiedialogs mit dem Aufsichtsrat.

→ Ermitteln Sie, welches Verhalten des Aufsichtsrats Sie konkret unterstützen würde und fordern Sie aktive Rückendeckung für mutige neue Wege.

→ Werten Sie aus, inwieweit die Anforderungen an Sie (auch im Rahmen der Bonusvereinbarung) auf Effizienz und Ergebnis fokussiert sind und ob der digital-kulturelle Change hier eine Rolle spielt.

→ Wie schätzen Sie das Hauptinteresse der Shareholder ein?

→ Wie könnte es Ihnen gelingen, diese für Investitionen in den neuen Weg zu gewinnen?

→ Werten Sie aus, wie offen und vertrauensvoll sich Ihre Kommunikation mit Ihrem Aufsichtsrat gestaltet und wie viel Platz die strategische Diskussion einnimmt.

→ Reden Sie mit dem Aufsichtsrat offen über die Herausforderungen der digital-kulturellen Transformation und über das Phänomen „Double Bind".

→ Sind Sie bereit, in Veränderung zu investieren und eine u. U. in der Folge vorübergehend eintretende Ergebnisverschlechterung vor dem Aufsichtsrat und den Shareholdern zu vertreten?

→ Wie hoch schätzen Sie Ihre eigene Umsetzungskompetenz für die digital-kulturelle Transformation Ihres Unternehmens ein?

→ Reflektieren Sie, ob der digital-kulturelle Transformationsprozess durch Sie gesteuert wird. Oder haben Sie ihn an Fachfunktionen wie CDO, CIO oder CTO delegiert? Können Sie die Veränderungsstrategie Shareholdern und Aufsichtsräten trotz Delegation glaubhaft vermitteln?

→ Entwickeln Sie eine persönliche Strategie, um aktiv das Vertrauen der Aufsichtsgremien für den neuen Weg zu gewinnen.

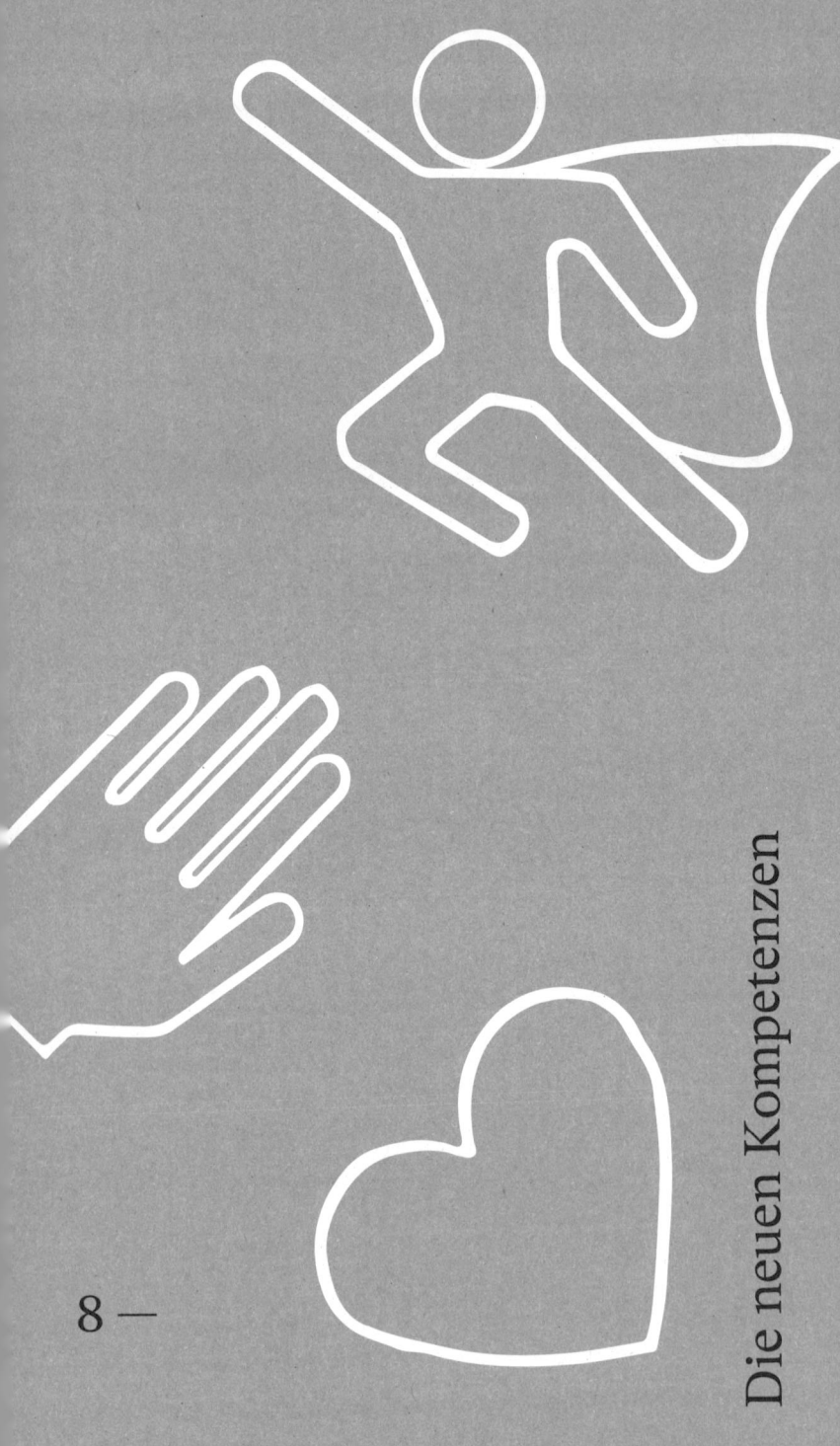

8 —

Die neuen Kompetenzen

Zukunft ist kein Zufall.
Sie ist das Produkt unserer
eigenen Entscheidungen.

Harry Gatterer

Nun gilt es abschließend, auf die Steuerungsfähigkeit der Zukunft zu fokussieren. Wenn wir als Menschen das Gefühl haben, „es passiert mit uns", erleben wir Gefühle von Hilflosigkeit und kommen nicht gut an unsere Kompetenzen heran. Vielmehr übernimmt dann auch hier wieder die „Alarmanlage" die Steuerung. Und das ist bei all der Unberechenbarkeit von Handelskriegen, Klimaveränderungen, Wettbewerbsgefahren und sonstigen Herausforderungen auch kein Wunder. Steuerung aufzugeben ist aber keine Lösung. Und da sprechen wir nicht vom Mikromanagement, auf das sich mittlerweile viele CEOs und Management-Teams verlegen. Wir erinnern an Roger Martin, der in diesem Zusammenhang davon sprach, dass sich viele Manager „beschäftigt halten", um nicht nachdenken zu müssen. Nein, wir sprechen von strategischer Steuerung, von der Transformation Ihres Unternehmens, vom großen Wurf!

Insofern lautet die Devise aus unserer Sicht (zwingend): Zukunft wird gemacht. Tag für Tag. Sie ist das Resultat auch Ihrer und unser aller Entscheidungen. Wir haben Einfluss auf das, was passiert. Und der Ausdruck dieses Einflusses ist in Ihrem Fall die unternehmerische Gestaltungsverantwortung.

Wenn nun die Steuerung der Zukunft weitere und für Sie u.U. neue Kompetenzen von Ihnen fordert, dann stellt sich die Frage, welche das sind und wie Sie diese gezielt erlangen.

Wir haben in diesem Buch bereits viel über den strukturierten Aufbau von digitalen Kompetenzen gesprochen und einem unbedingt notwendigen Wissenszuwachs – von den Organisationsformen der Zukunft über eine systematische Auseinander-

Die neuen Kompetenzen

setzung mit neuen Arbeits- und Organisationsmodellen bis hin zu einer Kompetenzentwicklung in Sachen Leadership. Was fehlt noch zur Steuerung der Zukunft?

Unserer Ansicht nach drei Dinge: Intuition, Vertrauen und Mut. *„Im entscheidenden Augenblick weiß die Intuition mehr als der Verstand"*, sagte der Star-Architekt Peter Zumthor einmal. Neurobiologisch gesehen ist das völlig richtig. Die Frage ist vielmehr, wie man an seine Intuition herankommt – und zwar in einem Umfeld, das maßgeblich druckbelastet ist. Wie findet man Vertrauen in sich, sein Team und die Menschen der Organisation? Und wie bringt man den Mut auf, Altes hinter sich zu lassen und Neues auszuprobieren?

Denn so sehr sich auch alle einig sind, dass die unbekannte Zukunft nicht mehr durch Normen, Regeln, institutionalisierte Strukturen und Prozesse der Vergangenheit gesteuert werden kann, so haben doch wenige eine Idee davon, wie das nun gehen soll.

Karl Weick spricht von Persönlichkeit. Künftiger Erfolg ist aus seiner Sicht von der Wahrnehmungsfähigkeit und Achtsamkeit der handelnden Personen abhängig, ihrem Mut, ihrer Entscheidungs- und Handlungsstärke, ihrer persönlichen Integrität, ihrem respektvollen Bezug zu ihrer Umgebung – mit anderen Worten: eben von ihrer Persönlichkeit.

Verfolgt man diesen Gedanken weiter, geraten Organisationen in die paradoxe Situation, sich aus funktionalen Gründen der Entwicklung und Förderung von Persönlichkeiten annehmen zu müssen. Auch Klaus Buchinger hat bereits vor Jahren darauf hingewiesen, dass Organisationen nun gezwungen sind, sich um Angelegenheiten zu kümmern, die in ihrer eigenen Logik nicht vorgesehen sind: eben der Entwicklung von Persönlichkeiten.

Organisationen können die menschlichen Funktionsträger für die erfolgreiche Wahrnehmung ihrer Aufgaben im Unternehmen nur noch dadurch qualifizieren, dass sie sich darum bemühen, diese gerade nicht primär als Funktionsträger, sondern vielmehr als autonome, selbstreflexive, eigenverantwortliche, entscheidungsstarke, sozial integrative Persönlichkeiten zu entwickeln und zu fördern – als Persönlichkeiten, die sich nicht auf ihre Funktion im Unternehmen reduzieren lassen und

auch ohne diese gut überlebensfähig sind. So lautet eine Kernaussage Buchingers.

Das daraus resultierende Konfliktpotenzial ist vorpro-
grammiert: Stellt die Entwicklung einer autonomen und intuitiv
handelnden Persönlichkeit einen kritischen Erfolgsfaktor dar,
so ist diese Persönlichkeit nicht mehr steuerbar wie bisher. Das
bedeutet den Abschied von der Stromlinienförmigkeit und damit auch der effizienzgetriebenen Steuerungslogik der vergangenen 15 Jahre, mit relevanten Auswirkungen wiederum auf der
Shareholder-Seite.

Ein positiver Effekt könnte sein, dass die stark gesun-
kene Glaubwürdigkeit von Topmanagern – nahezu automatisch – wieder steigt, da sie als verlässliche Persönlichkeiten
wahrgenommen werden und weniger als extrinsisch gesteuerte
Rolleninhaber.

Kommen wir zum zweiten Faktor: Vertrauen. Reinhard Sprenger
hat mehrfach zu diesem Thema mit großem Erfolg veröffentlicht
und das bereits vor Jahren. Vertrauen ist seines Erachtens Dreh-
und Angelpunkt und essentielle Bedingung für die Steuerung
von komplexen und ungewissen Situationen, und zwar das
Vertrauen in neue Systeme, agile Methoden, iterative Control-
ling- und Monitoring-Instrumente, die parallel zur eigenen
Intuition für eine neue Form der Orientierung und Kontrolle
sorgen. Aber da man sich bislang überwiegend auf betriebswirtschaftliche Methoden verlassen hat, wurde das Vertrauen in
die eigene Intuition und das eigene unternehmerische Potenzial
verschüttet. Nur so als Beispiel: Wie viele Wege fahren Sie noch
intuitiv und auf Ihre eigene Orientierungsfähigkeit vertrauend,
also sozusagen „auf Sicht", seitdem Sie ein Navi im Auto haben?

Und last but not least: das Vertrauen ineinander über die Etablierung von Kooperationen und geteilten Zielstellungen. Für
diese Veränderung braucht es eine positive emotionale Einstellung. Denn diese bestimmt Ihre (unbewussten) Ansichten zu
Nutzen und Risiken dieser neuen Inhalte. Wenn Sie eine (unbewusste) Abneigung gegen diese neuen Ansätze der Unternehmenssteuerung haben, dann schätzen Sie aller Voraussicht
nach ihre Risiken als hoch und ihren Nutzen als marginal ein

(sog. Affektheuristik nach Paul Slovic). Wir sind also wieder beim *inneren Wirt*, den Sie kritisch befragen sollten, wie es denn um sein Vertrauen und seine Kompetenz zu vertrauen bestellt ist.

Auf den Punkt gebracht: Persönlichkeit und Haltung, Vertrauen und Intuition. Interessanterweise sind diese Eigenschaften deckungsgleich mit den Ergebnissen derjenigen Studien, die versuchen zu ermitteln, wo uns die Digitalisierung bzw. die KI als Mensch nicht überflüssig machen wird. In Zukunft erfolgreiche Führungspersönlichkeiten werden sich dadurch auszeichnen, dass sie trotz einer unbekannten Zukunft immer neue Wege finden und aufzeigen, wie diese Zukunft gestaltet werden kann. Und die gleichzeitig bereit sind, diese Wege auch selbst zu gehen, sprich, sich selbst zu reflektieren und zu verändern, weil sie wissen, dass sich nicht nur ihr Unternehmen verändert, sondern vor allem auch ihre eigene Rolle.

Mut als Kompetenz im Umgang mit Unsicherheit

Wer sich den unangenehmen Gefühlen nicht stellt, diesen auszuweichen versucht, der hat es schwer, mutig voranzuschreiten.

Shane Lopez

Eingangs haben wir geschrieben: Mut heißt Angst haben und es trotzdem tun. Übersetzen wir es in unsere Bilderlogik: Die Alarmanlage schrillt und der *innere Wirt* gibt Anweisungen, sich ja nicht in die Gefahr zu begeben und das ganze Vorhaben abzublasen. Von diesen inneren Szenarien bekommen wir oft nur ein undefinierbares Druckgefühl mit. Aber dieses Gefühl verleitet uns dennoch dazu, das Vorhaben zu verschieben oder den neuen Weg im „Bermudadreieck verschwinden zu lassen", wie Nikolaus Seibt es ausdrückt. Diese evolutionär bewährten, lebenserhaltenden Muster (wir erinnern uns – die Alarmanlage unterscheidet nicht zwischen lebensbedrohlichen oder „nur" sozial bedrohlichen Gefahren) ändern wir nicht über die reine Erkenntnis, dass Unternehmen und Unternehmer jetzt Mut brauchen.

Wir ändern dieses Muster auch nicht über die Absolvierung von, wie Günther Wagner es nennt, „gesellschaftsfähigen" Trainingsmetoden, die abstrakt über die neue Arbeitswelt und die Zukunft philosophieren und dabei die heißen Themen Macht, Profitabilitätsstreben, Statussicherung und Kontrollwahn, Angst vor Machtverlust etc. gekonnt umschiffen.

Die neuen Kompetenzen

Persönlichkeitsentwicklung und Mut brauchen kritische Auseinandersetzung zu eben diesen Themen. In vielen Coachings mit Vorständen kommen diese Themen zur Sprache. Wohlgemerkt: im geschützten Raum. Wie großartig wäre es, mit Führungskräften offen über Zweifel, Ängste, Müdigkeit mit dem System – aber auch Lust auf Neues, Mut und scheinbar Verrücktes sprechen zu können!

Was steckt noch im Prinzip Mut? Mut heißt: Machen. Und „Machen" heißt in diesem Fall: Selbstüberwindung. Nah dran an sich selbst, an seinem *inneren Wirt*.

Addieren wir nun noch die Notwendigkeit hinzu, dass sowohl CEOs als auch Management und Führungskräfte künftig deutlich mehr für psychologische Sicherheit sorgen müssen (s. die vorherigen Kapitel), dann wird das gelingen, wenn sich all diese Funktionsträger in ihren eigenen Rolle sicher fühlen und davon ausgehen, die eigenen Aufgaben gut bewältigen zu können. Das ist die Basis für einen kompetenten Umgang mit Unsicherheit.

Und damit kommen wir zum Ende der Kette: Ihrer Rolle. CEOs müssen bezüglich der Kompetenz, mit Unsicherheit umzugehen, Vorbild sein. Dafür müssen Sie sich wiederum in Ihrer Rolle sicher fühlen und/oder mit ausreichend Mut ausgestattet sein. Diese Kompetenz ist für den Erwerb des Vertrauens aller Stake- und Shareholder (Shareholder, Aufsichtsräte, Management, Führungskräfte und Mitarbeiter) elementar.

Am Anfang steht Ihre Auseinandersetzung mit sich selbst. Es verwundert also nicht, wenn Alexander Birken, CEO der Otto Group – wie weiter oben bereits erwähnt – offenbart, dass sich sein Vorstandsteam über anderthalb Jahre von einem Therapeuten hat begleiten lassen, um diesen Mindset Change hinzubekommen. Es ist harte Arbeit, von den eigenen Mustern Abstand zu gewinnen, Mut zu entwickeln und Unterschiede zu machen. Aber es ist in jedem Fall lohnenswert, allein für die eigene persönliche Weiterentwicklung. Die Zukunft fordert von uns deutlich mehr, als wir wahrscheinlich alle vermuten, da sich der Fokus auf die Digitalisierung richtet. Diese fordert aber gleichzeitig das Beste von uns Menschen.

Selbstwirksamkeit im Neuen erleben

Wir haben in manchen Kinderzimmern mehr digitale Kompetenz als in deutschen Vorstandsetagen oder Aufsichtsräten.

Stephan Grabmeier

Das Konzept der Selbstwirksamkeitserwartung von Albert Bandura bezeichnet „die Erwartung einer Person, aufgrund eigener Kompetenzen gewünschte Handlungen erfolgreich selbst auszuführen zu können. Ein Mensch, der daran glaubt, selbst etwas be*wirken* und auch in schwierigen Situationen selbstständig handeln zu können, hat demnach eine hohe Selbstwirksamkeitserwartung." Eine sehr wichtige Komponente der Selbstwirksamkeitserwartung nennt sich internale Kontrollüberzeugung. Diese Überzeugung umfasst die Annahme, man könne als Person gezielt Einfluss auf die Dinge und die Welt nehmen, anstatt äußere Umstände, andere Personen, Zufall, Glück oder andere unkontrollierbare Faktoren als ursächlich anzusehen.

Aber auch eine sehr stabile Selbstwirksamkeitserwartung kann ins Wanken geraten, wenn zu viele Unsicherheitsfaktoren zusammenkommen und es noch wenig vergleichbare, positiv erlebte und bewältigte Situationen unter hoher Unsicherheit gibt.

In Anbetracht der Größenordnung der anstehenden und teils umwälzenden Veränderungen der digital-kulturellen Transformation wird es wohl den meisten CEOs und Führungskräften so gehen, dass sie ein hohes Maß an Unsicherheit erleben. Da Menschen, wie wir bereits gesehen haben, unter Unsicherheit eher zu bewährten Mustern greifen, diese Muster aber wiederum durch alte Tools und Werkzeuge geprägt sind, ergibt sich ein schwieriger Loop. Dieser Loop lässt sich durchbrechen, indem CEOs selbst eine hohe Selbstwirksamkeitserwartung im Hinblick auf ihre unternehmerische Kompetenz im Umgang mit Komplexität und Ungewissheit im Rahmen der digital-kulturellen Transformation entwickeln.

Eine Hürde für diese Selbstwirksamkeitserwartung bildet die wenig ausgeprägte digitale Kompetenz deutscher CEOs. Die Studie von Julian Kawohl et al. hat ermittelt, dass 92 % der deutschen Vorstände über wenig bis keine digitale Berufserfahrung verfügen. Sie haben in ihrer Karriere bisher kaum praktische Erfahrungen mit der digitalen Welt gesammelt und hatten bislang weder Managementpositionen noch Aufsichtsratsämter in Digitalunternehmen. Auch an der Forschung und Entwicklung digitaler Technik waren sie nicht beteiligt. Und: Es fehlen Sparringspartner auf Augenhöhe mit Digitalerfahrung, die zu einem kontroversen Ideenaustausch beitragen könnten, der fruchtbare Ergebnisse liefert. Das erklärt natürlich, warum die Transformationsprojekte an CDOs, CIOs und Berater übertragen werden. Damit nehmen sich CEOs allerdings nicht nur die Chance, das Unternehmen maßgeblich strategisch weiterzuentwickeln, sie unterminieren auch ihre eigene Wettbewerbsfähigkeit. Wer Roboter und KI-Systeme in Unternehmen einführt, die damit noch nicht oder kaum vertraut sind, berührt massiv Vertrauensfragen bei den Menschen. Dessen müssen sich CEOs bewusst sein und für bestehende Ängste und Zweifel in ihrem Unternehmen eine glaubwürdige Antwort haben – sozusagen eine Vision, wofür das Unternehmen sich wohin weiter entwickeln sollte. Das ist jedoch nur schwerlich möglich, wenn in dieser Hinsicht die eigene Kompetenz noch zu wünschen übrig lässt.

Ein zweiter (negativer) Effekt der Übertragung des Themas auf andere Funktionsträger ist ebenfalls relevant. Die Managementberatung Egon Zehnder befragte 107 CDOs aus 20 Ländern zu den Schwerpunkten ihrer Tätigkeit. Die obersten Digital-Chefs überraschten mit ihren Antworten: Anstatt sich fachlich um die digitale Transformation des Unternehmens zu kümmern, gaben 54 % der Befragten an, mehr Zeit damit zu verbringen, in ihrer Organisation für ihre Digitalstrategie zu werben als diese tatsächlich umzusetzen. CDOs sollen die Unternehmenskultur verändern? Wohl kaum – das ist unzweifelhaft Aufgabe der Chefs/Chefinnen.

Eine große Mehrheit der Befragten zeigte sich von der Wirklichkeit ernüchtert. Vier von fünf stimmten der Aussage zu, dass die Entwicklung einer neuen digitalen Unternehmenskultur „schwieriger" oder „viel schwieriger" sei als erwartet. Nur 25 % der CDOs gaben an, dass ihr Unternehmen für die digitale Transformation gut aufgestellt war, als sie ihren Job antraten. Das „Engagement der Führungsspitze" (58 % Zustimmung) und die „Unternehmenskultur" (57 %) sind nach Ansicht der Befragten die erfolgskritischen Faktoren für eine erfolgreiche digitale Transformation. Das sind deutliche Worte.

„Ich habe Gott sei Dank Leute, die für mich das Internet bedienen", so der damalige Bundesminister für Wirtschaft und Technologie (2005–2009) Michael Glos. Das war eine erschreckende Aussage – hier sprach immerhin der damalige oberste Technologie-Chef Deutschlands! Und das ist noch gar nicht so lange her. 2007: Da gab es immerhin schon das iPhone.

Gehören Sie zu den 92 % der CEOs, die kaum digitale Kompetenzen und Erfahrungen besitzen? Neigen Sie auch dazu, digitale Themen, zumindest unbewusst, zu verschieben oder zu vermeiden? Hier ist das Gold zu finden. Reflektieren Sie diese Punkte, erweitern Sie gezielt Ihre digitalen Kompetenzen, und Sie werden feststellen, dass Sie darüber schnell ein Selbstwirksamkeitserleben im Umgang mit unsicheren Inhalten aufbauen können. Und fokussieren Sie bewusst auf Ihre auch bereits vorhandenen unternehmerischen Kompetenzen! Diese sind mehr denn je gefragt.

Kompetenzen und Ressourcen im Fokus

In der heutigen Umgebung, egal ob es sich um eine Person oder eine Firma handelt, ist ein IQ und ein EQ nicht so wichtig wie ein AQ. Das ist der Anpassungs-fähigkeits-Quotient, der wichtig dafür ist, uns selbst zu transformieren.

Mamatha Chamarthi

Wir haben es zu Beginn des Buches hergeleitet: Wir konstruieren unser Erleben u. a. über das Prinzip der Aufmerksamkeitsfokussierung. Wenn wir uns unter dieser Perspektive anschauen, wie deutsche Unternehmen in Bezug auf die digitale Transformation beschrieben werden, so scheint der Weltuntergang nahe zu sein. „Die deutschen Unternehmen werden abgehängt!", „Deutsche Unternehmen sind Statusverwalter und haben keine Innovationskraft!", „Deutsche CEOs haben keinen unternehmerischen Mut!", „Deutschland hat keine Fehlerkultur!"... So und ähnlich lauten die Überschriften diverser Publikationen. Wird diesen defizitorientierten Beschreibungen nun ausreichend Aufmerksamkeit geschenkt, dann werden sie irgendwann als Fakten gewertet, ohne dass eine differenzierte Bewertung stattfindet. Und das führt aufseiten deutscher CEOs mit Sicherheit nicht zu einer positiven Entwicklungshaltung. Wer sich in diesem Abwertungs-Loop befindet, wird die eigene Veränderungsnotwendigkeit eher als gering ansehen und sich lieber in Rechtfertigungen ergehen. Das Problem daran: Man verpasst die Chance, selbst differenziert zu beobachten und abzuwägen, wo die eigene Veränderungsnotwendigkeit liegt. Um ein praktisches Beispiel zu skizzieren: Viele politische Parteien sind dermaßen mit der Abwertung der anderen Parteien beschäftigt, dass ihnen ihre eigenen Veränderungs- und Erneuerungsnotwendigkeiten aus dem Fokus geraten. Und damit verlieren sie ihre Wähler.

Es gibt interessanterweise auch völlig gegenläufige Einschätzungen. Nach einer Analyse des Weltwirtschaftsforums (WEF) aus 2018 ist Deutschland bei der Innovationsfähigkeit weltweit nicht zu toppen. Die Bundesrepublik liegt auf Platz 1 vor den USA, wie die Stiftung in ihrem Globalen Wettbewerbsbericht 2018 ausführt. Sowohl die Anzahl der angemeldeten Patente sowie wissenschaftlichen Veröffentlichungen als auch die Zufriedenheit der Kunden mit deutschen Produkten waren maßgeblich für dieses Ranking.

Welches Bild stimmt denn nun? Und wo liegt der Ansatzpunkt? Bei einer differenzierten Betrachtung der eigenen Kompetenzen und Ressourcen! Beim Effectuation-Ansatz wird es folgendermaßen formuliert: „Was kann ich? Wer bin ich? Wen kenne ich?" Das sind hier die Kerngedanken für unternehmerische Steuerung. Fokussieren Menschen auf ihre Ressourcen und Kompetenzen, trauen sie sich deutlich mehr zu, auch unbekannte Situationen meistern zu können. Fokussieren sie hingegen auf ihre (vermeintlichen) Defizite, dann sinkt dieses Zutrauen bis auf ein Minimum. Gleiches gilt im Hinblick auf das Vertrauen in die eigene Veränderungskompetenz. So hat die Stanford-Professorin Carol Dweck herausgefunden, dass Menschen, die einen „fixed Mindset" (statische Denk- und Handlungslogik), haben, sich weniger stark ändern. Sie glauben einfach nicht an die eigene Veränderbarkeit – und dieser Glaube lässt unverrückbare

Berge entstehen. Weil diese Menschen sicher sind, dass sie sich selbst nicht verändern können, gehen sie davon aus, dass auch andere das nicht können. Kommen Ihnen Sätze wie „Ab 40 kann man sich nicht mehr verändern!" bekannt vor? Neurobiologisch ist Gegenteiliges bewiesen. Der Stammzellenforscher Gerd Kempermann und seine Kollegen konnten beweisen, dass die Fähigkeit des menschlichen Gehirns zu Wachstum und Veränderung lebenslang dynamisch bleibt. Eine wachstumsorientierte Denk- und Handlungslogik, „Growth mindset", fördert laut Carol Dweck ein ganz anderes Denken und sorgt sogar nachweisbar für mehr Gehirnaktivität.

Ein sehr wichtiger Schritt zur (Weiter-)Entwicklung der eigenen unternehmerischen Fähigkeiten ist ein klarer Blick auf die eigenen Kompetenzen und Ressourcen, ein Vertrauen auf die eigene Veränderungsfähigkeit (Growth mindset) und ein Aussteigen aus dem Vergleichs-Loop mit anderen. Und: Bauen Sie selbst digitale Kompetenzen auf! Aus dieser neuen Kompetenzperspektive heraus können Sie deutlich gelassener auf die Herausforderungen blicken und ein differenziertes Zukunftsbild Ihrer eigenen Rolle und Ihrer Kompetenzen entwickeln. Dann steigt Ihre Selbstwirksamkeitserwartung, und die digital-kulturelle Transformation sowie Ihre persönliche Weiterentwicklung werden deutlich erfolgreicher sein. Damit ist das Ganze zwar immer noch eine Herausforderung, aber zumindest deutlich machbarer. Und dass diese Veränderung leicht sein wird, erwartet wohl sowieso niemand.

Den eigenen Weg finden

Führungsstärke hat mit Veränderungen zu tun. Man muss Chancen ergreifen.

Carly Fiorina

Der eigene Weg kann niemals der eines anderen sein. Das gilt auch für die Herausforderung, das eigene Unternehmen weiterzuentwickeln. Beim Thema Fehlerkultur haben wir es bereits beschrieben: Fokussiere ich auf eine Kompetenz, die mir wenig sinnvoll erscheint (Feiern des Scheiterns), dann werde ich sie kaum erlernen. Fokussiere ich hingegen auf die Herausforderung an sich (Ausprobieren fördern), dann kann ich meine Kompetenzen und Ressourcen prüfen, inwieweit ich sie für dieses Ziel einsetzen kann. Wenn CEOs aufhören, sich in Vergleich zu setzen (bzw. setzen zu lassen) und unter Anwendung neuer digitaler Tools, Management-Designs und Leadership-Ansätze eigene glaubwürdige Wege entwickeln, dann wird ebendieser Vergleich hinfällig. Es entsteht Energie für den eigenen Weg, auf den nun die volle Aufmerksamkeit gerichtet werden kann.

Sie selbst sind bestimmt ein guter Gradmesser: Wann macht Ihnen die Weiterentwicklung Ihres Unternehmens Spaß? Wann sind Sie bereit, auch Risiken dafür einzugehen? Gerade weil Sie Ihr Unternehmen so gut kennen, werden Sie ein gutes Gefühl dafür haben, was es braucht, um Ihr Umfeld und sich selbst zu mobilisieren. Wenn Ihnen die strategische Weiterentwicklung neue positive Perspektiven vermittelt, dann wird es Ihrem Management, Ihren Führungskräften und Mitarbeitern und Mitarbeiterinnen ebenso gehen.

Das wird sogar Spaß machen!

Und: Es muss nicht der US-amerikanische Weg sein. Es scheint angesichts der unterschiedlichen kulturellen Prägungen wenig erfolgversprechend zu sein, wenn deutsche Unternehmen schlicht versuchen, US-amerikanische digitale Champions nachzuahmen. Aber nun stellt sich die Frage: Wie denn dann? Es kann jedenfalls nicht so bleiben wie es derzeit ist. Platz 17 in der Welt in Sachen digitaler Kompetenz ist zu wenig und unter Risikomanagement-Perspektive nicht akzeptabel. Dass die Bundesregierung die künstliche Intelligenz zu einem ihrer technologischen Schwerpunktthemen erhoben hat, ist eine richtige Antwort. Im verabschiedeten Eckpunktepapier heißt es unter dem Stichwort „Ziele":

„Die Bundesregierung ist entschlossen, sowohl Forschung und Entwicklung als auch Anwendung von KI in Deutschland und Europa auf ein weltweit führendes Niveau zu bringen und dort zu halten. ‚Artificial Intelligence (AI) made in Germany' soll zum weltweit anerkannten Gütesiegel werden."

Schaut man auf die KI-Forschung an deutschen Hochschulen und sonstigen wissenschaftlichen Einrichtungen, so gehört diese Aussage bereits der Gegenwart an. Zugleich fällt der Transfer in deutsche Unternehmen und Geschäftsmodelle auffallend schwer. Das liegt nicht nur an der sehr mangelhaften staatlichen Investitionsbereitschaft. Und an den darin liegenden Chancen liegt es schon gar nicht. So kalkuliert die PwC-Studie „Auswirkungen der Nutzung künstlicher Intelligenz in Deutschland" mit einem BIP-Wachstum von 11,3 % bis 2030 allein durch künstliche Intelligenz. In absoluten Zahlen wäre dies ein Plus von knapp 430 Mrd. Euro. Dabei liegt das Potenzial vor allem in der Steigerung der Produktqualität sowie der Produktivität.

Für die Entwicklung einer unternehmensspezifischen digitalkulturellen Transformationsstrategie (inkl. Transfer von KI in Geschäftsmodelle) braucht es ein Mindestmaß an digitalem Knowhow von CEOs und eine konkrete Einbindung in wichtige Transformationsprojekte. Erstaunlicherweise ziehen sich Vorstände und Geschäftsführer aus Innovationsprojekten zurück und überlassen die Digitalisierung ihren CIOs oder CDOs. Zu diesem Ergebnis kommt u. a. eine Bitkom-Research-Studie aus 2017. Das ist umso erstaunlicher, als dass die Digitalisierung durch neue Technologien wie 3D-Druck, künstliche Intelligenz oder das Internet der Dinge einen eindeutig strategischen Charakter aufweist. Eventuell korreliert dieser Rückzug mit einem (unbewusst) geringen Steuerungsgefühl von CEOs bei technischen Themen, da 92 % der CEOs laut der bereits erwähnten Studie wenig bis keine digitale Erfahrung haben. Ihr Kompetenz-Set umfasst vor allem die effiziente Unternehmenssteuerung erfolgreicher (technischer) Geschäftsmodelle. Unzweifelhaft eine Stärke, nur eben zu einseitig ausgeprägt.

Ein Beispiel dafür, warum eine einseitige Kompetenzausprägung selten zu Erfolg führt: Elon Musk ist sicherlich ein Visionär. Das ist, neben seiner unternehmerischen Haltung, eine seiner Stärken. Dennoch ist sein Unternehmen mehrfach negativ in die Schlagzeilen geraten, da es dort zu nicht absehbaren Lieferverzögerungen kam. Der Aufbau und das Management eines effizient funktionierenden Produktionsunternehmens scheint überhaupt nicht Musks Kompetenzprofil zu entsprechen. Sie ahnen, worauf wir hinauswollen: Die Kombination von nicht durch Effizienzparadigmen beschränkter Innovation gepaart mit Produktionskompetenzen und Effizienz-Knowhow. Musk hätte die Welt erobert. Hat er aber nicht, weil ihm das letztere Knowhow fehlte. Das allein hat es der Konkurrenz ermöglicht, die verpassten Jahre aufzuholen. Daraus sollte man lernen: Keine Stärke, keine Schwäche ist per se eine solche. Es kommt immer auf den Kontext an.

Wenn ein deutscher Weg darin besteht, das Beste aus beiden Welten (Innovation und Effizienz) zusammenzuführen, braucht es einen konsequenten Aufbau digitaler Kompetenzen auf C-Level und die Implementierung agiler Methoden und neuer Management-Designs. Emergente Strategien, unternehmerische Steuerung, iterative Planungsmethoden und Effizienz dort, wo sie nicht innovationsschädlich ist. Dann vereinen sich alte und neue Kompetenzen und es kann ein eigener Weg entstehen, die digitale Welt zu gestalten.

Haltung gibt Halt

Ob man etwas als Problem oder als Chance begreift, ist eine Frage der Einstellung. Eher die Chance als das Problem zu sehen, verlangt Ausdauer und Disziplin. Aber das Ergebnis lohnt sich.

Paul Wilson

Wenn wir bestimmte Entwicklungen nicht aufhalten können, so bleibt uns immer die Freiheit, unsere Haltung zu diesen Entwicklungen selbst zu bestimmen. Ein emotional positiv besetzter digitaler Mindset ist die erste wesentliche Komponente für die Weiterentwicklung Ihres Unternehmens und für eine glaubwürdige Strategie. Er ermöglicht selbst initiierte Veränderung und ist dem äußeren Zwang zur Entwicklung deutlich vorzuziehen.

Wollen Sie das digitale Zeitalter aktiv mitgestalten und gemeinsam das Deutschland 4.0 für eine digitale Wirtschaft bauen? Dann sind neben Ihrer unternehmerischen Haltung Ihre strategischen digitalen Kompetenzen und die konsequente digitale Transformation Ihres Unternehmens die entscheidenden Faktoren.

Kommen wir nun abschließend noch einmal auf die Einleitung zurück: Dort hieß es, dass Mut bedeutet, seine Angst zu kennen und es trotzdem zu tun. Nun, am Ende dieses Buches heißt „Mut" für Sie hoffentlich auch, aus sich selbst heraus die Entscheidung zu treffen, die eigenen Sorgen, Ängste und Nöte sowie die damit verbundenen Handlungsmuster genauer zu betrachten, und sich weiterentwickeln zu können. Ihre Alarmanlage und Ihren inneren Wirt haben Sie ebenfalls über die Beantwortung der Reflexionsfragen deutlich besser kennengelernt. Wenn das Konzept dieses Buches aufgegangen ist, dann dürften Sie sich an manchen Stellen gefreut, an anderen geärgert und an nicht wenigen gewundert haben. Und wahrscheinlich waren noch eine Menge mehr Emotionen im Spiel. Das ist ein Spiegelbild der Emotionen und Gedanken, die alltäglich – auch in der Konfrontation mit den hier besprochenen Themen – in Millisekunden durch Ihr Gehirn schießen und Ihr Handeln – mal bewusst, mal unbewusst – steuern.

Unser Ziel war es, Ihre Bereitschaft anzufachen, sich trotz Risiken, Unsicherheit und Angst für ein lohnenswertes Ziel einzusetzen: eine starke digitale deutsche Wirtschaft. Und letztendlich auch für sich selbst, Ihre eigene Weiterentwicklung und Ihre persönliche Wettbewerbsfähigkeit als Manager/Managerin der Zukunft.

Mut braucht ein starkes Selbstmanagement und die Bereitschaft, Chancen zu ergreifen, auch wenn eigene Veränderungen damit verbunden sind. Darin wollten wir Sie ein Stück unterstützen und begleiten mit dieser Reise durch die Themen der Zukunft. Und auch wenn wir uns aufgrund unseres Vorhabens, nur Impulse zu vermitteln, an vielen Stellen sehr kurz fassen mussten, hoffen wir, dass wir zumindest an vielen Stellen Ihr Interesse wecken konnten, sich noch intensiver mit diesen Themen zu befassen. Im Anhang finden Sie dementsprechend einen Verweis auf weiterführende Literatur.

Das Ganze ist beileibe kein Spaziergang, aber erfolgversprechend. Und Erfolg macht agil!

Verwendete Literatur

Die nachfolgenden Bücher sind in ihren Denkansätzen in das Buch eingeflossen.

Backhausen, Wilhelm J. (2009):
Management zweiter Ordnung.
Chancen und Risiken des
notwendigen Wandels

Bauer, Joachim (2015):
Selbststeuerung. Die Wiederentdeckung des freien Willens. 2. Aufl.

Faschingbauer, M. (2013):
Effectuation. Wie erfolgreiche
Unternehmer denken, entscheiden
und handeln. 2. Aufl.

Grawe, K. (2004):
Neuropsychotherapie. Göttingen
Hiesserich, Jan (2013): Der CEO
Navigator. Rollenbestimmung und
-kommunikation für Topmanager

Hüther, Gerald (2008):
Die Macht der inneren Bilder.
Wie Visionen das Gehirn, den
Menschen und die Welt verändern.
4. Aufl.

Hüther, Gerald (2009a):
Wie gehirngerechte Führung
funktioniert – Neurobiologie für
Manager, in: managerSeminare,
Januar 2009, Heft 130, S. 30–34

Laloux, Frederic (2017):
Reinventing Organizations. Ein
illustrierter Leitfaden sinnstiften-
der Formen der Zusammenarbeit

Peters, T., Ghadiri, A. (2011):
Neuroleadership – Grundlagen,
Konzepte, Beispiele. Erkenntnisse
der Neurowissenschaften für die
Mitarbeiterführung

Rock, D. (2011): Brain at work

Roth, G. (1996):
Das Gehirn und seine Wirklichkeit:
Kognitive Neurobiologie und ihre
philosophischen Konsequenzen

Schmidt, G. (2016):
Einführung in die hypnosystemische
Therapie und Beratung, 7. Aufl.

Schwenker, Burkhard;
Dauner-Lieb, Barbara (2017):
Gute Strategie. Der Ungewissheit
offensiv begegnen

Starker, Vera; Peschke,
Tilman (2017):
Hypnosystemische Perspektiven
im Change Management.
Veränderung steuern in einer
volatilen, komplexen Welt

Watzlawick, P.; Beavin, J. (2007):
Menschliche Kommunikation,
11. Aufl.

Zeuch, Andreas (2015):
Alle Macht für Niemand

Weiterführende Literatur

All diese Bücher sind in unterschiedlicher Weise eingeflossen und
empfehlenswert. Die Auflistung ist
nicht abschließend.

Albers, Markus (2008):
Morgen komm ich später rein.
Für mehr Freiheit in der
Festanstellung

Albers, Markus (2017):
Digitale Erschöpfung. Wie wir
die Kontrolle über unser Leben
wiedergewinnen

Bültel, N. (2010):
„Starmanager" –Medienprominenz,
Reputation und Vergütung von
Top Managern

Christensen, Clayton M. (2017):
Besser als der Zufall

Dörner, D. (2012):
Die Logik des Misslingens.
Strategisches Denken in komplexen
Situationen. 11. Aufl.

Eberl, Ulrich (2016):
Smarte Maschinen. Wie künstliche
Intelligenz unser Leben verändert

Foegen, Malte; Kaczmarek,
Christian (2016):
Organisation in einer digitalen Zeit.
Ein Buch für die Gestaltung von
reaktionsfähigen und schlanken
Organisationen mit Hilfe von Scaled
Agile & Lean Mustern. 3. Aufl.

Ford, Martin (2016):
Aufstieg der Roboter. Wir unsere
Arbeitswelt gerade auf dem Kopf
gestellt wird und wie wir darauf
reagieren müssen. 2. Aufl.

Goleman, Daniel (2015):
Konzentriert euch! Eine Anleitung
zum modernen Leben

Groth, Thorsten (2017):
66 Gebote systemischen Denkens
und Handelns in Management und
Beratung. 2. Aufl.

Grubendorfer, C. (2016):
Einführung in die systemischen
Konzepte der Unternehmenskultur

Hüther, G. (2012):
Biologie der Angst. Wie aus Stress
Gefühle werden. 13. Aufl.

Kotter, J.P. (2015):
Accelerate: Strategischen
Herausforderungen schnell, agil
und krativ begegnen

Kruse, P. (2004):
next practice. Erfolgreiches
Management von Instabilität,
5. Aufl.

Malik, Fredmund (2009):
Systemisches Management,
Evolution, Selbstorganisation.
Grundprobleme, Funktions-
mechanismen und Lösungsansätze
für komplexe Systeme

Malik, Fredmund (2013):
Strategy. Navigieren in der
Komplexität der neuen Welt.
2. Aufl.

Nagel, R.; Wimmer, R. (2015):
Einführung in die systemische
Strategieentwicklung

Paul, H.; Wollny, V. (2014):
Instrumente des strategischen
Managements: Grundlagen und
Anwendung, 2. Aufl.

Pinnow, Daniel F. (2011):
Unternehmensorganisation
der Zukunft. Erfolgreich durch
systemische Führung

Robertson, Brian J. (2013):
Holocracy. Ein revolutionäres
Management-System für eine
volatile Welt

Schallmo, Daniel; Rusnjak, Andreas;
Anzengruber, Johanna;
Werani, Thomas;
Jünger, Michael (Hrsg.) (2017):
Digitale Transformation von
Geschäftsmodellen. Grundlagen,
Instrumente und Best-Practices

Schermuly, Carsten C. (2016):
New Work. Gute Arbeit gestalten.
Psychologisches Empowerment
von Mitarbeitern

Väth, Markus (2016):
Arbeit. Die schönste Nebensache der Welt. Wie New Work unsere Arbeitswelt revolutioniert

Wilfling, S. (2013):
Management organisationaler Anpassungsprozesse

Zeuch, Andreas (2015):
Alle Macht für Niemand. Aufbruch der Unternehmensdemokraten

Studien in der Reihenfolge ihrer Erwähnung

Kapitel 1

Gassmann, Dr. P. (2017):
CEO Success Study 2017.
Analyse der CEO-Wechsel im deutschsprachigen Raum & global.
Strategy & PWC

Sull, Donald; Homkes, Rebecca;
Sull, Charles in HBM Edition 1/2019
Strategie, S. 79 m.w.N.

Bohn, Dr. U.; Crummerl, C.;
Graber, F. (2015):
Superkräfte oder Superteam?
Change Management Studie

Bruch, Prof. Dr. Heike u. a. (2016):
Arbeitswelt im Umbruch. Von den erfolgreichen Pionieren lernen.
Top Job Trendstudie

Donals Hambrick /
Gregory Fukutomi:
the Seasions of the CEO, in:
The Academy of Management Review, Vol. 16, No. 4 10/91,
S. 719–742

Roland Berger Studie (2015):
„Eine Frage der Wahrnehmung –
Wie Führungskräfte durch Perception Value Management in der Netz- und Mediengesellschaft reüssieren"

Bohn, Dr. U.; Crummenerl, C.,
Graeber, F. (2015):
Superkräfte oder Superteam? Wie Führungskräfte ihre Welt wirklich verändern können. Capgemini Change Management Studie

KPMG (2017): CEO Outlook 2017:
Wachsen in disruptiven Zeiten.
Trendstudie von Tata Consultancy Services (TCS) und Bitkom Research (2017): Deutschland endlich auf dem Sprung?

Kapitel 2

Reeves, Martin; Love, Claire;
Tillmanns, Philipp:
HBM Edition 1/2019 „Eine Strategie für die Strategiearbeit", S. 54 ff.
m.w.N.

Reeves, Martin; Love, Claire;
Tillmanns, Philipp:
HBM Edition 1/2019 „Eine Strategie für die Strategiearbeit", S. 55 ff.
m.w.N.

Scheffler, Roland, Global CEO Study IBM Studie (2010):
Unternehmensführung in einer komplexen Welt

Etventure und GfK (2019):
Digitale Transformation 2019.
Die Zukunftsfähigkeit deutscher Unternehmen

Buell, Ryan W.; Kim, Tami;
Tsay, Chia-Jung, Februar 2015:
Cooks Make Tastier Food When They Can See Their Customers.
Harvard

Zook, Chris; Allen, James:
HBM 2019 „Neuer Mut zum
Kämpfen" S. 30 ff.

Mankins, Michael; Harris, Karen;
Harding, David:
HBM Edition 1/2019 Strategie S. 23
m.w.N.

Sull, Donald; Homkes, Rebecca;
Sull, Charles:
HBM Edition 1/2019 Strategie, S. 76
m.w.N.

Kapitel 3

Mohr, Niko; Morawiak, Denny;
Köster, Nils; Saß, Björn (2017):
Die Digitalisierung des deutschen
Mittelstandes. Digital/McKinsey

Horváth & Partners (2018):
„Digitalisierung – Der Realitäts-
Check", Forsa Umfrage

Stiftung Familienunternehmen
Studie (2015):
„Deutschlands nächste
Unternehmergeneration"

Kienbaum Consultants
International (2017):
Trendstudie Performance
Management „Geld verteilen oder
Performance entwickeln"

Hoyck, Frank (2018):
Hoyck Monitor
„Performance Management"

Kapitel 4

Schmidt, C.; Sackmann, Prof. S.
(2016): Change-Fitness-Studie 2016:
Haltung und Handwerk – Vom
Erkennen zum Wollen, vom Wollen
zum Machen

Schmidt, C.; Sackmann, Prof. S.
(2018): Change Fitness Studie 2018:
Ambidextrie: mit beiden Händen
Organisationen verändern. Die
Gleichzeitigkeit von Innovations-
orientierung und Prozessverbesse-
rung effektiv bewältigen

Peschke, Tilmann;
Starker, Vera (2017):
Hypnosystemische Perspektiven
im Change Management m.w.N.

Capgemini Consulting;
Solis, Brian (2017):
The Digital Culture Challenge:
Closing the Employee-Leadership
Gap

Dr. Nico Rose (2019):
#ArbeitBesserMachen „Arbeitsfrust
vs. Arbeitslust: Was den Deutschen
die Arbeitsfreude vermiest"

Fleishman-Hillard (2017/2018):
Reputationsstudie
„Authenticity Gap"

Manpower Group (2018):
Studie „Karriereziele von
Arbeitnehmern in Deutschland"

Bitkom Research (2017):
Arbeit und Qualifizierung in der
digitalen Welt

Deloitte (2018):
Voice of the workforce in
Europe Survey

McKinsey Global Institute (2018):
„Skill Shift – Automation
and the future of the workforce"

Etventure und GfK (2018):
Studie ‚digitale Transformation
2018'

Kapitel 5

Gary Pisano (6/2019):
Innovation erfordert Disziplin, in
„Die Wahrheit über Innovation",
HBM 6/2019

Sull, Donald; Homkes, Rebecca;
Sull, Charles in HBM Edition 1/2019
Strategie, S. 79 m.w.N.

Kapitel 6

Institut für Führungskultur im
digitalen Zeitalter (IFIDZ) (2019):
Meta-Studie 2019:
Führungskompetenzen im
digitalen Zeitalter

Kapitel 7

Hochschule Landshut (HAW) (2017):
Eine empirische Studie zu Herausforderungen und Exzellenzkriterien
für Aufsichtsräte

FTI Consulting (2011):
Communicating critical Events.
CEO Transitions and Risk
to Enterprise value. S. 8/10

Kapitel 8

Kawohl, Prof. Dr. Julian, (htw);
Becker, Dr. Jochen (2017):
Unternehmergeist und Digitalkompetenz im Mittelstand –
Verfügen deutsche Geschäftsführer über die Zukunftsfähigkeiten,
welche die digitale Transformation
erfordert?

Egon Zehnder (2018):
CDO decoded. The first wave of
Chief Digital Officers speaks

PWC Studie (2018):
Auswirkung der Nutzung künstlicher Intelligenz in Deutschland

Bitkom Research/Tata Consultancy
Services (2017):
Trendstudie Digitalisierung

Weiterführende Studien

IBM Institute for Business
Value (2015):
Grenzen neu definieren. Global
C-Suite study

KPMG (2015):
CEO Outlook 2015. Transformation
ist Chefsache

Accenture Strategy (2015):
Mut anders zu denken.
Digitalisierungsstrategien
der TOP500

McKinsey Global Institute (2017):
Das digitale Wirtschaftswunder –
Wunsch oder Wirklichkeit

LEAD. Mercator Capacity
Building Center for
Leadership & Advocacy (2015):
Die Haltung entscheidet. Neue
Führungspraxis für die digitale Welt

Edelmann Trust Barometer (2018):
Annual Global Study

Schaefer, D. u.a. (2017):
Change Management Studie 2017
Capgemini Consulting